安全生产"谨"上添花图文知识系列手册

作业现场安全知识宣传教育手册

东方文慧　中国安全生产科学研究院　编

中国劳动社会保障出版社

图书在版编目(CIP)数据

作业现场安全知识宣传教育手册/东方文慧　中国安全生产科学研究院编.—北京：中国劳动社会保障出版社，2012

安全生产"谨"上添花图文知识系列手册

ISBN 978-7-5045-9562-1

Ⅰ.①作… Ⅱ.①东…②中… Ⅲ.①安全生产-安全教育-手册 Ⅳ.①X925-62

中国版本图书馆 CIP 数据核字(2012)第 031251 号

中国劳动社会保障出版社出版发行

(北京市惠新东街 1 号　邮政编码：100029)

出版人：张梦欣

*

北京市艺辉印刷有限公司印刷装订　新华书店经销

880 毫米×1230 毫米　32 开本　5 印张　105 千字

2012 年 3 月第 1 版　2024 年 5 月第15次印刷

定价：20.00 元

营销中心电话：400-606-6496

出版社网址：http://www.class.com.cn

版权专有　　侵权必究

如有印装差错，请与本社联系调换：(010) 81211666

我社将与版权执法机关配合，大力打击盗印、销售和使用盗版图书活动，敬请广大读者协助举报，经查实将给予举报者奖励。

举报电话：(010) 64954652

编委会名单

孙万东　马卫国　张　宇　武　超　柴继昶

崔昊阳　孙旭东　代翔潇　吴志林　温圣荣

王晓波　于海跃　谷金平　于长柱　李　涛

王晓红　李宏芬　王　雷　王　君　田永辉

张继杰

序

生产经营单位发生的大量事故，促使人们探求事故发生的原因及规律，建立事故发生的模型，以指导事故的预防，减少或避免事故的发生，于是就有了事故致因理论。

各种事故致因理论几乎都有一个共识：人的不安全行为与物的不安全状态是事故的直接原因。无知者无畏，不知道危险是最大的危险。人为失误、违章操作是安全生产的大敌。有资料表明：工矿企业80%以上的事故是由于违章引起的。因此，即使在现有的设备设施状况、作业环境、管理水平下，如果大幅度减少违章，安全生产状况也会有显著改善。

作业人员的遵章守纪，是安全生产的重要前提之一，其重要性不言而喻。企业员工要具备与自己的工作岗位相适应的生理、心理与行为条件，要具有熟练的操作技能，还应具备故障监测与排除、事故辨识与应急操作、事故应急救援等技能。这就是打造所谓"本质安全人"的基本要求，这也是企业面临的重要而艰巨的任务。

多年来，东方文慧为"本质安全人"奉献了大量优秀的安全文化产品。新年伊始，又策划出版了"安全生产'谨'上添花图文知识系列手册"，这是一件十分有意义的事情。通过安全生产知识的学习，对提高广大员工的安全素质将会起到重要作用！

系列手册包括了《安全生产基础知识宣传教育手册》《作业现场安全知识宣传教育手册》《消防安全知识宣传教育手册》《全民公共安全知识宣传教育手册》《员工安全行为规范宣传教育手册》5个分册，内容翔实，图文并茂，通俗易懂，是企、事业单位安全生产培训与宣教以及职工自主学习的优秀资源。

我相信，系列手册的出版将会为企业的安全生产增砖添瓦。我愿意将系列手册推荐给广大的职工，同时将我的祝福送给各位朋友：平安相随，幸福相伴！

赵云胜

2012年2月20日

目 录

第一章　作业现场要安全　依靠制度来规范……………1

第一节　走进 6S …………………………………… 1
一、6S 到底是什么？ ………………………………… 1
二、6S 分段实施精讲 ………………………………… 2

第二节　我要怎么做才能"6S" ……………………… 8
一、整理的实施要领 ………………………………… 8
二、整顿自己的作业范围及物品 …………………… 9
三、清扫不是自扫门前雪 …………………………… 12
四、清洁是一种范围活动 …………………………… 13
五、素养的养成最重要 ……………………………… 15
六、5 个 S 为安全服务 ……………………………… 16

第三节　作业现场需要注意的 6S 细节 …………… 17
一、厂区现场 6S 细节 ……………………………… 17
二、公共环境现场 6S 细节 ………………………… 18
三、办公室现场 6S 细节 …………………………… 19
四、施工现场 6S 细节 ……………………………… 21
五、生产现场 6S 细节 ……………………………… 21

　　六、注意生产现场作业环境 …………………………… 23

第二章　作业规范靠班组　现场安全有保障 ………… 28

第一节　特色班组安全活动 …………………………… 28

　　一、班组应坚持安全日活动 …………………………… 28

　　二、班组安全日活动的内容 …………………………… 28

　　三、安全日活动的要求 ………………………………… 29

　　四、怎样开展班组安全日活动 ………………………… 30

　　五、搞好班组安全日活动的要点 ……………………… 30

　　六、班组安全日活动的工作方法 ……………………… 32

　　七、班组安全日活动的形式 …………………………… 33

　　八、检查班组安全日工作的方法 ……………………… 33

　　九、开展班组危险预知工作的方法 …………………… 34

第二节　安全检查做得好　作业现场心不慌 ………… 36

　　一、掌握安全检查基本步骤 …………………………… 36

　　二、班组日常安全检查——"一班三检"制 ………… 40

第三节　作业现场职责与禁令 ………………………… 45

　　一、班组成员的安全生产职责 ………………………… 45

　　二、作业现场安全生产禁令 …………………………… 46

第三章　安全标志要注意　目视管理保安全 ………… 53

第一节　安全标志是通往目视化管理的桥梁 ………… 53

　　一、安全标志的定义及分类 …………………………… 53

　　二、安全色使用标准 …………………………………… 59

　　三、安全标志的具体应用 ……………………………… 60

四、安全标志牌的制作 …………………………………… 62

　　五、消防器材安全标志的应用 …………………………… 63

　　六、理解安全标语和作业看板的安全内容 ……………… 65

第二节　员工的安全目视化 …………………………………… 67

　　一、目视管理的起源 ……………………………………… 67

　　二、目视管理的特点 ……………………………………… 67

　　三、目视管理的应用 ……………………………………… 67

　　四、生产现场的目视管理 ………………………………… 68

　　五、作业现场电气安全目视化 …………………………… 73

　　六、作业现场搬运目视化 ………………………………… 74

　　七、仓库管理目视化 ……………………………………… 76

第四章　作业现场要安全　特种设备是关键 ……………… **81**

第一节　压力容器安全操作技术 ……………………………… 81

　　一、了解压力容器 ………………………………………… 81

　　二、容器破裂爆炸的危害 ………………………………… 83

　　三、压力容器操作工安全职责 …………………………… 84

　　四、压力容器操作人员教育培训制度 …………………… 85

　　五、压力容器维护保养制度 ……………………………… 86

　　六、压力容器安全检查制度 ……………………………… 87

第二节　压力管道安全操作技术 ……………………………… 89

　　一、了解压力管道 ………………………………………… 89

　　二、操作人员岗位安全职责 ……………………………… 90

　　三、压力管道安全操作规程 ……………………………… 91

　　四、压力管道的日常维护保养 …………………………… 92

第三节　电梯安全操作常识 ······················· 93
　　一、了解电梯 ······································· 93
　　二、电梯的分类 ···································· 94
　　三、电梯作业人员守则 ························ 95
　　四、电梯日常检查与维护保养人员要求 ···· 96
　　五、电梯驾驶人员安全操作规程 ··········· 97
　　六、电梯日常检查和维护安全操作规程 ···· 98

第四节　起重机械安全操作常识 ················ 98
　　一、了解起重机械 ······························ 98
　　二、起重机械的工作特点 ····················· 99
　　三、起重机驾驶员岗位责任制 ············ 100
　　四、起重机交接班制度 ······················ 100
　　五、起重机安全技术规程 ··················· 102

第五节　场（厂）内专用机动车辆安全操作常识 ··· 104
　　一、厂（场）内车辆的安全规章制度 ··· 104
　　二、机动车辆安全与交通 ··················· 105
　　三、内燃式叉车的安全操作规程 ········· 112
　　四、电瓶叉车的安全操作规程 ············ 114

第五章　勤查事故危险点　作业现场保平安 ············ 117

第一节　造成安全生产事故的主要原因 ······· 117
　　一、安全生产意识淡薄是造成事故的最大隐患 ··· 117
　　二、安全培训很重要 ························· 117
　　三、违反安全生产规章制度导致事故 ··· 118
　　四、违反劳动纪律后果严重 ··············· 120

目 录

  五、违反安全操作规程十分危险 …………………… 120

第二节 作业现场工作忙 事故大家一起防 …… 122

  一、事故预防的原则 …………………………………… 122

  二、事故预防模式 ……………………………………… 122

  三、事故的一般规律 …………………………………… 124

  四、一般的事故预防措施 ……………………………… 125

  五、处理事故的"四不放过原则" …………………… 126

第三节 事故发生不要慌 应急救援紧跟上 …… 126

  一、安全生产法律法规 ………………………………… 126

  二、《国家突发事件总体应急预案》 ………………… 127

  三、员工必须掌握的事故应急救援架构 …………… 128

  四、员工要了解的事故应急救援整体方案 ………… 129

第六章 安全规程记得牢 施工作业有保障 …… 133

第一节 生产现场通用安全操作规程 ……………… 133

  一、通用安全操作规程 ………………………………… 133

  二、通用设备安全操作规程 …………………………… 137

第二节 具体工种安全操作规程 …………………… 139

  一、电工安全操作规程 ………………………………… 139

  二、机械钳工安全技术操作规程 …………………… 140

  三、机床安全技术操作规程 …………………………… 142

  四、普通车床安全技术操作规程 …………………… 144

  五、钻床通用安全技术操作规程 …………………… 145

  六、铣床安全技术操作规程 …………………………… 146

  七、剪切类机床安全技术操作规程 ………………… 148

第一章

作业现场要安全 依靠制度来规范

第一节　走进6S

一、6S 到底是什么？

所谓 6S 管理，是指对生产现场各生产要素（主要是物的要素）所处的状态不断进行整理、整顿、清扫、安全、清洁及提升人的素养的活动。

由于整理（SEIRI）、整顿（SEITON）、清扫（SEISOU）、清洁（SEIKETSU）、素养（SHITSUKE）、安全（SAFETY）这六个词在日语的罗马拼音或英语中的第一个字母是"S"，所以简称 6S。

开展以整理、整顿、清扫、清洁、素养和安全为内容的管理活动，称为 6S 管理。

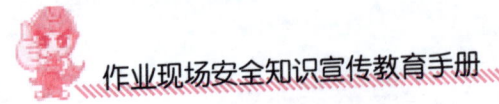

作业现场安全知识宣传教育手册

安全妙语"谨"上添花：

整理整顿与清扫　　现场作业有规矩
清洁素养与安全　　作为员工要牢记

二、6S 分段实施精讲

▲ 整理（SEIRI）

1. 整理的含义

在现场工作中，区分需要的和不需要的工具及文件等物品对于提高工作效率是很有必要的，它是改善生产现场的第一步。

2. 整理的目的

（1）腾出空间，改善和增加作业面积。
（2）现场无杂物，行道通畅，提高工作效率。
（3）防止误用、误送。
（4）塑造清爽的工作场所。

3. 整理的作用

（1）消除资源的浪费，有利于减少库存，节约资金。
（2）消除管理上的混放、混料等差错事故，有效地防止误用、误送。
（3）有效地利用空间，可以使现场无杂物，行道通畅、增大作业空间面积。

（4）对物料、物品进行分类并有序放置，减少找寻时间，提高工作效率。

（5）减少碰撞，保障生产安全、提高产品质量。

（6）有序的工作场所更便于管理，大大降低管理难度。

（7）使员工心情舒畅、工作热情高涨。

▲ 整顿（SEITON）

1. 整顿的含义

整顿是把需要的事、物加以定量和定位。通过上一步整理后，对生产现场需要留下的物品进行科学合理的布置和摆放，以便最快速地取得所要之物，在最简捷、有效的规章、制度、流程下完成工作。

2. 整顿的目的

（1）工作场所清楚、明了。

（2）工作环境明亮、整洁。

（3）清除积压物品。

（4）工作秩序井然。

3. 整顿的作用

（1）提高工作效率、减少浪费和不必要的作业。

（2）将寻找时间减少为零。

（3）出现异常情况时（如丢失、损坏）能马上发现。

（4）创造一目了然的现场，非本岗位的人员也能明白要求和做法。

（5）缩短换线、换工装夹具的时间。

（6）标识清楚，保障安全。

▲清扫（SEISOU）

1. 清扫的含义

清扫是将工作场所内看得见和看不见的地方打扫干净，彻底的清扫在很大程度上可以保持设备在正常状态下运转，因此，我们常说清扫就是点检。清扫过程是清除工作场所内的脏污，防止脏污的发生，保持工作场所干净明亮。

2. 清扫的目的

（1）提升作业质量。

（2）保持良好的工作情绪，令人心情愉快。

（3）干净亮丽的环境，创造"无尘化"车间。

（4）是零故障的基础工作。

3．清扫的作用

（1）提高设备性能。

（2）贯彻保养计划。

（3）减少设备故障。

（4）提升作业质量。

（5）减少脏污对产品品质的影响。

（6）减少工业伤害事故。

▲清洁（SEIKETSU）

1．清洁的含义

清洁是在整理、整顿、清扫、安全等管理工作之后，认真维护已取得的成果，使其保持完美和最佳状态，并将整理、整顿、清扫、安全进行到底，使之制度化、标准化。因此，清洁的目的是为了坚持前几个管理环节的成果。"整理、整顿、清扫、安全"一时做到并不难，但要长期维持就不容易了，若能经常保持4S的状态，也就达到清洁管理的要求了。

2．清洁的目的

（1）通过制度化、标准化维持前面4S的结果，培养良好的工作习惯。

（2）形成卓越的企业文化，提升企业形象。

3．清洁的作用

（1）美化工作场所环境。
（2）维持安全的工作环境。
（3）增加客户的信心，创造明朗、整洁的工作现场。
（4）维持已经取得的成果并持续改善。

▲素养（SHITSUKE）

　　一个企业在管理中推行了整理、整顿、清扫三大内容，并做到清洁要求的规范化、制度化，最后让企业所有的人都养成一种习惯。

1. 素养的含义

所谓素养，是指通过晨会等手段，提高全员的文明礼貌水准，促使每位成员养成良好的习惯，熟知规则，并按规则去执行。

2. 素养的目的

（1）促使人人有礼貌、重礼节，进而形成优良风气，创建和睦的团队精神。

（2）让企业的每个员工，从上到下，都能严格遵守规章制度，培养具有良好素质的人才。

（3）创造一个充满良好风气的工作场所。

3. 素养的作用

（1）教育培训，保证人员的基本素质。

（2）推动前面5个S，直至成为全员的习惯。

（3）使员工严守标准，按标准作业。

（4）形成温馨明快的工作氛围。

（5）塑造优秀人才并铸造战斗型的团队。

（6）提高全员文明礼貌水准。

▲安全（SAFETY）

1. 安全的含义

所谓安全，就是通过制度和具体措施来提升安全管理水平，防止灾害的发生。安全是现场管理的前提和决定因素，没有安全一切成果都失去了意义。重视安全不但可以预防事故发生，减

少不必要的损失，更是关心员工生命安全、保障员工生活幸福的人性化管理要求。安全管理的目的是为了加强员工的安全观念，使其具有良好的安全工作意识，更加注重安全细节管理。这样不但能够降低事故发生率，而且能提升员工的工作品质。安全仅仅靠口号和理念是远远不够的，它必须有具体措施来保证实施。

"安全"这一要素，是对原有5S的一个补充。以"工作现场管理要点"这个主题去理解。安全不仅仅是意识，它需要当做一件大事独立、系统地进行，并不断维护，安全工作常常因为细小的疏忽而酿成大错，光强调意识是不够的。

> 安全妙语"谨"上添花：
>
> 6S观念心中藏　　大家争相学习忙
> 作业现场我打扫　　环境整洁乐陶陶

第二节　我要怎么做才能"6S"

一、整理的实施要领

（1）对自己的工作场所（范围）进行全面检查，包括看得到和看不到的地方。

（2）制定"要"与"不要"的判别基准。

（3）清除不需要物品。

(4)制定废弃物处理方法。

(5)调查需要物品的使用频度,决定日常用量。

(6)每日自我检查。

因为不整理而会经常发生如下浪费:

(1)空间的浪费。

(2)使用的棚架、料箱、工具柜等的浪费。

(3)零件或产品变旧而不能使用的浪费。

(4)放置处变得窄小。

(5)连不要的东西也要管理的浪费。

(6)库存管理或盘点时间的浪费。

> 安全妙语"谨"上添花:
>
> 整理判别很重要　　避免浪费勤盘点
> 需不需要我知道　　习惯养成利发展

二、整顿自己的作业范围及物品

1. 整顿工具

(1)应考虑能否尽量减少作业工具的种类和数量,使用标准件,将螺钉通用化,以便可能使用同一工具。

(2)考虑能否将工具放在作业场所最接近的地方,避免使用和归还时过多行走和弯腰。

(3)通常情况是"取用"容易,"归还"较难。因此,在"取用"

和"归还"之间，应特别重视"归还"，需要不断地"取用""归还"的工具，最好用吊挂式，或放置在双手展开的最大极限之内。

（4）要使工具准确地归还原位，最好以形迹管理、颜色、记号、嵌入凹形模等方法进行定位。

2．整顿切削工具

（1）频繁使用的由个人保管，不常用的则尽量控制数量，以通用化为宜。先确定必需的最少数量，将多余的收起来集中管理。

（2）容易碰伤的工具，存放时要方向一致，以前后方向直放为宜，最好能采用分格保管或波浪板保管，避免堆压损坏。

（3）注意防锈，抽屉或容器底层，可铺上绒布。

3．整顿半成品

（1）严格制定半成品的存放位置和存放数量。

（2）半成品整齐摆放，保证"先进先出"。

（3）半成品存放和移动中，要防止碰伤，应用缓冲材料将其隔离，摆放时间稍长的要加盖防尘。

（4）不合格品放置场地须用红色标明，将不合格品随意摆放，极易出差错。

（5）要求员工养成习惯：一旦判定为不合格品，立即将其放置在规定的"不合格品放置区"。

4．整顿仓库

（1）材料和成品以分区、分架、分层来区分。

（2）设置仓库总看板，使相关人员对现状的把握能一目了然。

（3）搬运工具加以定位，以便减少寻找时间。

（4）遵守仓库的进出和发放时间。

5．整顿办公室

（1）有隔间的，在门口处标示部门。

（2）有隔屏的，则在隔屏的正面标示部门。

（3）无隔屏的，则在办公桌上用标示牌标示。

（4）办公设备实施定位。

（5）长时间离位以及下班后，桌面物品应归好位，逐一确认后才离开。

（6）整理所有的文件资料，并依大、中、小进行分类。

（7）不同类别使用颜色管理方法。

（8）文件内引出纸或色纸，以便索引检出。

（9）看板、公告栏的板面格局区分标示，如"公告""培训信息"等。

（10）及时更新资料。

（11）所用物品如椅子、烟灰缸、投影机、笔、笔擦等应定位。

（12）设定责任者，定期用检查表进行点检。

> **安全妙语"谨"上添花：**
>
> 工具整顿绝隐患　　仓库细分会省时
> 产品分类勤管理　　办公区域有标示

三、清扫不是自扫门前雪

清扫就是使现场呈现没有垃圾、没有污脏的状态。我们应该认识到清扫并不仅仅是打扫，而是品质控制的一部分。清扫是要用心来做的。

1. 清扫的要点与重点

（1）建立清扫责任区（室内外）。执行例行扫除，清理脏污。

（2）把设备的清扫与点检、保养、润滑结合起来。

（3）调查污染源，予以杜绝。

（4）建立清扫基准，作为规范。

清扫原则：勤扫脏乱、杜绝脏源、落实点检。

2. 清扫的实施方法

（1）明确清扫责任区：

- 利用工厂的平面图，标识各责任区和负责人。
- 各责任区应细化成各自的定置图。
- 必要时，公共区域可采取轮值的方法。

（2）执行日常扫除、清理脏污：

- 规定的日常（每日、每周）扫除的清扫时间和内容。
- 在清扫中发现不良的地方，应加以维护和改善，如地板破损的地方，墙壁、天花板剥落和脱落，机器设备擦拭不到的地方。

第一章 | 作业现场要安全　依靠制度来规范

●清扫应细心,保持不容许垃圾存在的观念;要经常进行机器设备周围的清扫,转角处的清扫,日光灯内壁和灯罩的清扫,工作台、桌子底部的清扫,橱柜上下部的清扫等。

●清扫用品本身保持清洁和归位。

(3)调查污染源,予以杜绝或隔离:

●努力清扫,但因存在污染源,过几天垃圾、混乱依旧,造成清扫难以保持,因此,要使清扫顺利进行,必须调查和确认污染源。

●对污染源实施杜绝或隔离搜集措施。

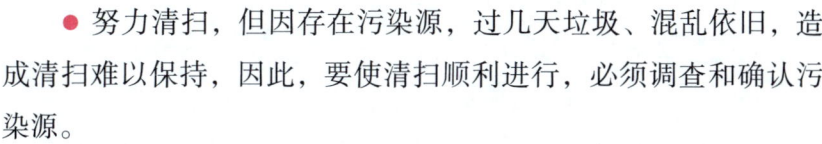

安全妙语"谨"上添花:

用心清扫好习惯　　每天及时来执行
杜绝脏乱齐称赞　　隔离危险保安全

四、清洁是一种范围活动

清洁就是将上面3S实施的做法制度化、规范化,并贯彻执行以维持其成果。

13

1. 清洁目标

（1）防止质量慢性不良。

（2）提高产品及工厂的形象。

（3）消除各种浪费源头。

（4）提升作业效率，进行现场改善。

2. 清洁的实施方法

（1）落实前面3S工作：

- 彻底落实前面3S的各项工作。
- 利用宣传活动，保持新鲜的活动氛围。
- 主管要主动参与实施。

（2）制定检查和确认方法：

- 应对所有的区域、岗位制定《6S日常确认表》，规定应负责的范围、对象、方法、周期、要求，并定期检查实施及记录状况。
- 厂区内所有的区域、设备都应有十分明确的6S责任人，责任人必须以较厚卡片及较粗字体标示，且张贴或悬挂于责任区最明显易见的地方。
- 主管人员做不定期的复查。

（3）制定和执行奖惩制度：

- 根据6S竞赛办法，对在6S活动中表现优良和执行不力的部门和人员予以奖惩，有助于6S活动的持续开展。
- 奖惩只是一种形式，而团队的荣誉和不断地进步才是最重要的。

（4）主管随时巡查，带动实施现场改善。

安全妙语"谨"上添花：

范围清扫保清洁　　定期检查我来做
作业效率有提高　　持续开展好处多

五、素养的养成最重要

思想改变行动，行动养成习惯。素养就是通过教育，使大家养成能遵守规章制度等良好的习惯，最终达成全员"品质"的提升。

1. 素养的内涵

（1）养成守规定、守标准的习惯。
（2）6S 始于素养，终于素养。
（3）以"人性"为出发点。
（4）通过不断的培训与沟通来提高素养。
（5）塑造"守纪律"的工作场所。

2. 素养的实施办法

（1）制定服装、臂章、工作帽等识别标准。
（2）制定共同遵守的有关规则、规定。如安全卫生、作业规范等。
（3）制定礼仪守则（如《员工手册》）。
（4）教育培训（新员工加强）。
（5）推行各种精神提升活动（如班前会、礼貌运动等）。

（6）将各种规则或约定目视化，让规则和约定用眼睛一看就能了解，而不必伤脑筋去判断。如利用漫画、图表、标语、看板、卡片等。

> 安全妙语"谨"上添花：
>
> 品质提升靠素养　　尽职尽责好员工
> 遵守规矩好习惯　　不断学习来提高

六、5个S为安全服务

1. **安全管理的目的**

（1）保障员工的安全。
（2）保证生产系统的正常运行。
（3）建立系统的安全管理体制。
（4）减少经济损失。

2. **安全实施的作用**

（1）无安全事故，生产更顺畅。
（2）让员工放心地投入工作。
（3）没有伤害，减少经济损失。
（4）有专职负责人，万一有灾害发生时可以紧急对应。
（5）管理到位使客户更信任和放心。

第一章 | 作业现场要安全　依靠制度来规范

> 安全妙语"谨"上添花：
>
> 现场管理须重视　　优良习惯要养成
> 安全位置最重要　　生产顺畅效益多

第三节　作业现场需要注意的6S细节

一、厂区现场6S细节

（1）大环境区域道路是否清扫干净、及时，垃圾是否倒入垃圾池内。

（2）厂区道路、花池边是否保持完好，下水道是否通畅无堵塞。

（3）绿化修剪是否及时，草坪保持是否平整、高度是否保持在5～7 cm，绿化是否有狂长现象，确保花池内无杂草、杂物等。

（4）相关部门车辆在拉运过程中，掉在大环境区域的杂物是否及时清理，保持清洁。

（5）各种车辆是否停放在定置区内，排列整齐。

（6）雨、雪过后卫生区责任部门是否及时清扫干净路面。

（7）道路两边花池内的牌子是否保持洁净。

（8）公司内车辆刷洗后，是否及时清理洁净现场。

安全妙语"谨"上添花：

厂区环境要整洁　　大家齐心来执行
来来去去勤观察　　环境美化直比家

二、公共环境现场 6S 细节

（1）楼内的灭火器、落地钟、工艺瓶、奖牌等物品，是否保持完好洁净。

（2）楼梯、楼道、扶手、玻璃、门窗、墙壁、门厅、帘子等是否保持完好洁净，楼梯、楼道间应无积水。

（3）卫生间门窗、洗手池、镜子、铝合金门框、墙壁、地面等是否洁净。

（4）卫生间是否有异味、便池应无堵塞，纸篓里的垃圾及时清走。

（5）笤帚、地拖放置整齐有序，洗手间设施完好。

（6）板报是否及时更换，报栏保持清洁应无污、完好。

（7）会议室使用完毕 1 h 内是否完成清场，室内各种物品是否摆放整齐、统一，室内各项应保持洁净、无污点。

（8）茶水炉、水管用后是否及时关闭。

（9）公共现场不晾晒工作服、鞋。

（10）楼道、走廊、电梯间不得放置任何物品，保持运输通道畅通。

（11）各区域是否有现场卫生责任卡并有责任人，责任卡与责任人是否对应。

> 安全妙语"谨"上添花：
>
> 公共卫生靠大家　　保持通道永通畅
> 楼梯扶手勤擦拭　　清爽整洁真需要

三、办公室现场 6S 细节

（1）是否已将不要的东西丢弃（如文件、档案、图表、文具用品、墙上标语、海报）。

（2）地面、桌子是否显得零乱。

（3）垃圾桶是否及时清理。

（4）办公设备有无灰尘。

（5）桌子、文件架是否摆放整齐，通道是否太窄。

（6）有无文件归档规则及按规则分类、归档。

（7）文件等有无实施定位化（颜色、标记、斜线）。

（8）需要文件是否容易取出、归位，文件柜是否明确管理责任者。

（9）是否只有一个插座，而有许多个插头。

（10）办公室墙角有没有蜘蛛网。

（11）桌子、柜子有没有灰尘。

（12）公告栏有没有过期的公告。

（13）饮水机是否干净。

（14）管路配线是否杂乱，电话线、电源线是否固定得当。

（15）办公设备随时保持正常状态，有无故障。

（16）抽屉内是否杂乱，东西是否杂乱摆放。

（17）是否遵照规定着装。

（18）私人用品是否整齐地放置于一处。

（19）报架上报纸是否整齐摆放。

（20）盆景摆放，有没有枯死或干黄。

（21）是否有人员去向目视板（人员去向一览表）。

（22）有无文件传阅的规则。

（23）当事人不在，接到电话时，是否有"留言记录"。

（24）会议室物品是否摆放整齐和有标识。

（25）工作态度是否良好（有无聊天、说笑、看小说、打瞌睡、吃零食现象）。

（26）有没有注意接待宾客的礼仪。

（27）下班后桌面是否整洁。

（28）中午及下班后，设备电源是否关好。

（29）离开或下班后，椅子是否被推至桌下，并应紧挨办公桌平行放置。

安全妙语"谨"上添花：

办公环境齐维护　　无用垃圾要抛弃
文件整齐易查阅　　电源隐患勿放松
工位座椅勤清理　　桌面整洁要保持

四、施工现场 6S 细节

（1）施工物料是否存放在指定地点，是否整齐、有序。

（2）施工过程中当天产生的垃圾是否及时清走，不遗留积存。

（3）施工完毕彻底清理现场，并保持现场洁净。

> 安全妙语"谨"上添花：
>
> 物料整齐利工作　　安全隐患怕清理
> 清理垃圾保现场　　作业习惯齐养成

五、生产现场 6S 细节

（1）现场摆放物品（如原材料、半成品、成品、余料、垃圾等）是否定时清理，区分"要"与"不要"。

（2）物料架、模具架、工具架等是否正确使用与清理。

（3）模具、夹具、量具、工具等是否正确使用，定位摆放。

（4）机器上有无不必要的物品、工具或物品摆放是否牢靠。

（5）桌面、柜子、台面及抽屉等是否定时清理。

（6）茶杯、私人用品及衣物等是否定位摆放。

（7）资料、保养卡、点检表是否定期记录，定位摆放。

（8）手推车、电动车、架模车、叉车等是否定位摆放，定人负责。

（9）塑料篮、铁箱、纸箱等搬运箱是否定位摆放。

（10）润滑油、切削液、清洁剂等用品是否定位摆放并作标识。

（11）作业场所是否予以划分，并标示场所名称。

（12）消耗品（如抹布、手套、扫把等）是否定位摆放，定量管理。

（13）加工中的材料、半成品、成品等是否堆放整齐并有标示。

（14）通道、走道是否保持通畅，通道内是否摆放物品或压线摆放物品（如料箱、安全网、手推车、木板等）。

（15）不良品、报废品、返修品是否定位放置并隔离。

（16）易燃品是否定位放置并隔离。

（17）制动开关、动力设施是否加设防护物和警告牌。

（18）垃圾、纸屑、塑料袋、破布（手套）等有没有及时清除。

（19）废料、余料、呆料等有没有随时清除。

（20）地上、作业区的油污有没有清扫。

（21）饮水机是否干净。

（22）垃圾箱、桶内外是否清扫干净。

（23）墙壁四周蜘蛛网是否清扫。

（24）工作环境是否随时保持整洁、干净。

（25）长期置放（1周以上）的物品、材料、设备等有没有加盖防尘。

（26）墙壁油漆剥落、地面涂层破损及划线油漆剥落是否修补。

（27）地上、门窗、墙壁是否保持清洁。

（28）下班后是否清扫物品并摆放整齐。

（29）是否遵守作息时间（不迟到、早退、无故缺席）。

（30）工作态度是否良好（有无聊天、说笑、擅自离岗、看小说、打瞌睡、吃零食现象）。

（31）服装穿戴是否整齐，有无穿拖鞋现象。

（32）工作服是否干净、整洁、无污垢。

（33）干部能否确实督导部属进行自主管理。

（34）使用公用物品、区域是否及时归位，并保持清洁（如厕所等）。

（35）停工和下班前是否确实打扫、整理。

（36）各区域是否有现场卫生责任卡，并有责任人，责任卡与责任人是否对应。

（37）能否遵照公司有关规定，不违反厂规。

安全妙语"谨"上添花：

清理现场很重要　　服装整洁无污垢
生产再忙不能忘　　用完物品要归位
工具合理来摆放　　长期置放要防尘
垃圾废料及时扫　　遵守规定好员工

六、注意生产现场作业环境

1. 采光

▲生产场所采光是生产必须的条件，如果采光不良，长期作业，容易使操作者眼睛疲劳，视力下降，产生误操作，或发生意外伤亡事故；同时，合理采光对提高生产效率和保证产品质量有直接的影响。因此，生产场所要有足够的光照度，以保证安全生产的正常进行。

（1）生产场所一般白天依靠自然采光，在阴天及夜间则由人工照明采光作补充和代替。

（2）生产场所的内照明应满足《工业企业照明设计标准》的要求。

（3）对厂房一般照明的光窗设置：厂房跨度大于 12 m 时，单跨厂房的两边应有采光侧窗，窗户的宽度应不小于开间长度的一半。多跨厂房相连，相连各跨应有天窗，跨与跨之间不得有墙封死。车间通道照明灯要覆盖所有通道，覆盖长度应大于 90% 车间安全通道长度。

2. 通道

通道包括厂区主干道和车间安全通道。厂区主干道是指汽车通行的道路，是保证厂内车辆行驶、人员流动以及消防灭火、救灾的主要通道；车间安全通道是指为了保证职工通行和安全运送材料、工件而设置的通道。

（1）厂区干道的路面要求。车辆双向行驶的干道，宽度不小于 5 m，有单向行驶标志的主干道宽度不小于 3 m。厂区门口、危险地段需设置限速牌、指示牌和警示牌。

（2）车间安全通道要求。通行汽车的宽度大于 3 m；通行电瓶车、铲车的宽度大于 1.8 m；通行手推车、三轮车的宽度大于 1.5 m；一般人行通道的宽度大于 1 m。

（3）通道的一般要求。通道标记应醒目，画出边沿标记，转弯处不能形成直角。通道路面应平整，无台阶、坑、沟。道路土建施工应有警示牌或护栏，夜间要有红灯警示。

3. 设备布局

车间生产设备设施的摆放、相互之间的距离以及与墙、柱的距离，操作者的空间，高处运输线的防护罩网，均与操作人员的安全有很大关系。如果设备布局不合理或错误，操作者空间窄小，当工件、材料等飞出时容易造成人员的伤害，造成意外事故。为此，应该做到：

（1）大、中、小设备划分规定：

● 按设备管理条例规定，将设备分为大、中、小型三类。

● 特异或非标准设备按外形最大尺寸分类：大型长大于 12 m，中型长为 6～12 m，小型长小于 6 m。

（2）大、中、小型设备间距和操作空间的规定：

● 设备间距（以活动机件达到的最大范围计算），大型为 2 m，中型为 1 m，小型为 0.7 m。大、小型设备间距按最大的尺寸要求计算。如果在设备之间有操作工位，则计算时应将操作空间与设备间距一并计算。若大、小型设备同时存在，大、小型设备间距按大的尺寸要求计算。

● 设备与墙、柱距离（以活动机件的最大范围计算）：大型为 0.9 m，中型为 0.8 m，小型为 0.7 m。在墙、柱与设备间有人操作的应满足设备与墙、柱间和操作空间的最大距离要求。

● 高于 2 m 的运输线应有牢固的防护罩（网），网格大小应能防止所输送物件坠落至地面，对低于 2 m 的运输线的起落段两侧应加设防护栏，栏高 1.05 m。

4．物料堆放

生产场所的工位器具、工件、材料摆放不当，不仅妨碍操作，而且会引起设备损坏和工伤事故。为此，应该做到：

（1）生产场所要划分毛坯区，成品、半成品区，工位器具区，废物垃圾区。原材料、半成品、成品应按操作顺序摆放整齐，有固定措施、平衡可靠。一般摆放方位同墙或机床轴线平行，尽量堆垛成正方形。

（2）生产场所的工位器具、工具、模具、夹具要放在指定的部位，安全稳妥，防止坠落和倒塌伤人。

（3）产品坯料等应限量存入，白班存放为每班加工量的1.5倍，夜班存放为加工量的2.5倍，但大件不超过当班定额。

（4）工件、物料摆放不得超高，在垛底与垛高之比为1∶2

的前提下，垛高不超出 2 m（单位超高除外），砂箱堆垛不超过 3.5 m。堆垛的支撑稳妥，堆垛间距合理，便于吊装，流动物件应设垫块且揳牢。

5．地面状态

生产场所地面平坦、清洁是确保物料流动、人员通行和操作安全的必备条件。为此，应该做到：

（1）人行道、车行道和宽度要符合规定的要求。

（2）为生产而设置的深大于 0.2 m，宽大于 0.1 m 的坑、壕、池应有可靠的防护栏或盖板，夜间应有照明。

（3）生产场所工业垃圾、废油、废水及废物应及时清理干净，以避免人员通行或操作时滑跌造成事故。

（4）生产场所地面应平坦、无绊脚物。

安全妙语"谨"上添花：

作业环境采光好　　物料堆放有次序
通道整理无事故　　地面平坦都畅行
设备布局要完善　　员工记牢知识点

第二章

作业规范靠班组 现场安全有保障

第一节 特色班组安全活动

一、班组应坚持安全日活动

安全日活动是班组开展安全分析的基本形式，它不仅是职工学习有关安全生产各类文件、加强法制观念、提高自我保护意识教育的好形式，也是班组成员相互交流安全生产经验的好机会。因此，安全日活动作为班组活动的一项长期内容，对于提高生产一线职工的安全意识、规范职工安全行为起着举足轻重的作用。

二、班组安全日活动的内容

（1）学习上级和本单位的安全文件、事故快报、安全简报，联系班组实际，提出防范措施。

（2）学习本单位的安全规章制度，检查有无违章现象、违章行为。

（3）一周来的安全状况分析、讲评、总结以及下周安全工作安排和要求。

（4）每月班组对年度安全目标的执行情况进行对照检查，提出存在的问题和改进要求，开展月度安全分析评价、事故预想、安全技术知识考核等。

（5）布置落实安全大检查工作和专项安全检查工作。

（6）班组管辖的工、器具的试验及设备检查后的分析和研究。

（7）班组安全工作台账的检查整理等。

三、安全日活动的要求

（1）对上级布置和指定的学习内容，必须认真、完全、彻底地落实，不能缺失。

（2）班组成员必须全部参加，并认真做好活动记录（记录应包括活动内容及参加人员）。如有缺席应记录在案（注明缺席的原因），缺席人员应及时补课。

（3）安全日活动内容要充分、联系实际、形式多样、讲究实效，切忌流于形式。每次活动均应有所侧重、有所收获。

（4）班组长、安全员在安全活动日前要做好充分准备。

（5）班组成员在活动中应态度端正，密切联系日常工作实际，积极发言，并针对存在的问题提出意见和建议。

四、怎样开展班组安全日活动

班组安全日活动存在一些诸如活动缺乏有效性,活动的质量不高,活动的广泛性、持久性、连续性差等现象,具体表现在以下几方面:

(1)班组安全日活动走形式。具体表现为内容不落实,每次只是念念学习材料或文件,学习没有针对性;时间不落实,不是你等我,就是我等你,有限的时间在无限的等待中白白流逝,等时间过去了,草率地说几句了事;人员不落实,想来就来,想走就走,动辄请假,参与人员少。这些问题使班组安全日活动成效甚微。

(2)安全日活动记录不规范,不认真,甚至弄虚作假。

(3)安全日活动的检查考核不严格,存在很大随意性。

班组安全日活动是一项群众性活动,既要有目的、有活动内容、有活动效果,又要讲科学,认真地按标准和程序进行,不搞花架子,避免形式主义。

五、搞好班组安全日活动的要点

(1)完善管理制度。班组安全日活动是否开展得好,能否取得应有的成效,与是否建立完善的班组安全日活动管理办法、量化的检查考核标准有很大的关系。因此,应制定符合班组自身特点的活动规定,从活动的原则、时间、内容、记录及检查考核等方面对安全日活动做出明确规定,使班组安全日活动达到经常化、制度化、规范化的要求。同时，从活动的组织管理、活动计划及活动的实施情况等方面，制定操作性强的检查考核办法，切实把安全日活动落到实处。

（2）提高活动效率。首先，班组每一成员应抱着"学安全、懂安全、会安全"的态度，积极参与安全日活动，集思广益，不断拓展班组安全日活动的思路。其次，要尽量从解决本岗位的问题出发，按"小、实、活、新"

的要求安排活动内容。即活动内容不必求大，只要能解决生产实际中的一个小问题，就可以说达到了目的。三是班组安全日活动要与合理化建议、技术创新相结合，与班组安全文化建设相结合。

（3）创新活动内容、活动形式。在开展班组安全日活动过程中，既要突出重点，又要力求活动内容系统全面、活动形式丰富多彩。要以丰富新颖的活动内容、灵活多样活动形式来吸引班组成员主动参与。避免班组成员因产生厌倦、抵触情绪而使班组安全日活动走过场。

（4）加强检查考核。抓好班组安全日活动，只靠一般性的检查，是起不到根本作用的。只有把班组安全日活动纳入各种考核之中，建立完善的检查、考核和激励机制，才能取得良好的效果。首先，各班组应根据自身特点建立与管理水平相配套的检查考核细则，将检查纳入企业的岗位责任制大检查、各类专项检查中，并将检查的结果同车间开展的创"一级车间"活动、"三无班组"活动等一切评优创先活动挂钩。其次，要严格检查。采用定期检查和不定期抽查的方式对班组安全日活动情况进行检查。最后，在检查的基础上，对照考核细则对安全活动日活动进行严格的考核，并将考核结果与经济责任制、目标责任制等挂钩，定期予以兑现奖罚。

六、班组安全日活动的工作方法

为突出重点，每月应分层次、有重点地制订安全日活动计划，针对性要强，既要注重安排法规、制度和事故案例方面的学习，又要注重防护器材使用技能和反事故演练方面的培训。同时，注意避免把每月的安全日活动安排得过于紧凑，要给班组留有一定自由活动的时间。

为提高班组安全日活动的学习效果，企业的安全管理部门可将企业制定下发的会议文件、安全信息、事故通报、制度规定等及时汇编成册，定期编写一些通俗易懂、切合实际的教材，发放到班组，为班组开展活动提供必要的学习资料。

在活动形式上，可根据工作性质和岗位生产特点，从提高班组成员安全意识和实际操作技能入手，因人、因时、因地制宜地组织开展形式多样、内容丰富的班组安全日活动。

安全生产问题往往是旧矛盾解决了，新问题又产生了，安全生产的改进和提高是无止境的。班组就要围绕这些新问题不断地开展活动，这样安全活动日活动才有活力，才能持续地开展下去。

七、班组安全日活动的形式

（1）分散活动与集中活动相结合。如以班组为单位，在班组长的带领下进行诸如隐患查改、事故预想、关键位置应急处理预案演练等。也可以以车间或全厂为单位，邀请厂领导结合企业的安全管理现状和企业安全文化建设，讲授职业安全卫生及管理的有关知识，或集中收看重大事故录像，开展消防器材使用演练和逃生救护训练等。

（2）学习和讨论相结合。班组安全日活动要尽量避免领导讲、班组成员听、安全员做完记录就散会的"一言堂"做法。在传达、通报有关情况之后，应留有时间让班组成员对活动内容进行充分的座谈讨论，通过讨论消化使班组成员清楚自己应该遵什么章、守什么纪，从事故案例中吸取什么教训，本岗位还存在哪些薄弱环节需要整改完善。

（3）知识学习和实际技能训练相结合。结合关键事故应急处理预案的演练，开展有针对性的反事故训练；进行安全防护用具使用佩戴和逃生救护训练，增强班组成员分析、判断、处理各种事故的能力，使班组成员能够正确地利用岗位配备的防护救护器材进行自救互救。

八、检查班组安全日工作的方法

检查的方法：一是"查看"，主要是对照学习计划查看记录，看有没有，缺不缺，认真不认真，规范不规范；二是"监督"，主要由安全管理人员分头到各班组直接参加安全日活动,看是否按规定活动,出勤率、活动时间、活动内容、活动质量是否达到要求;三是"提问",主要是对照记录的内容,提问班组成员是否知道活动内容,以判别活动记录的真实性。

九、开展班组危险预知工作的方法

班组各机台的作业,可以通过分析操作过程中的动作,发现各种危险因素,并总结出一套安全操作方法。其步骤如下:

(1)选择一项操作过程作为分析对象。主要选择曾重复发生事故的操作或采用新设备、新工艺、新材料的操作。

(2)对此项操作进行分析。先把整个操作过程分解成几个有次序的连续动作,每一个动作做什么都应详细写出来(如使用高压水灭火的第一步是:取下墙上的灭火器),并编号。

(3)辨别危险。对每一个动作都要问问自己这样做可能会发生什么事故,并用下列方法找出答案:

有没有物体碰人的危险?

操作人员会被物体刮着、夹着吗?

操作人员会被绊倒或滑倒吗?是跌倒在设备旁还是跌落在地面上?

操作人员的推、拉、举等动作,会使他扭伤吗?

作业环境中有没有毒气、蒸汽、烟雾、粉尘、热辐射等有毒有害因素?

在寻找操作中的危险和潜在事故隐患过程中,必须对操作全过程进行细微的观察,直至把各种危险和潜在事故隐患都辨认

（4）对每个可能的事故或危险，要问自己或与有经验的操作者讨论怎样做才能避免事故，提出安全的操作方法。

改变能够引起事故的各种具体条件。如果找不到新的操作方法，就应在现行操作方法的基础上，通过改变某些具体条件（如工具、材料、设备的位置等），来消除危险。

改变操作程序。在改变操作程序的过程中，应考虑班组成员应该做什么和不应该做什么，应该怎样做，而后将新的操作程序确定下来。

最后，把所得出的改变后的操作方法再加以核查、试验，并与从事这项操作的班组成员一起研究讨论，提出一个比较完善的安全操作程序。

危险预知活动自始至终都要有班组成员参加。这种方法最大的收获是可以得到一个比较安全的、适合于工作条件的、能够用于实际操作的程序，同时也是对班组成员的一次很好的安全技术培训。通过分析还可为改进操作方法提出明确的建议，这些建议不仅有利于消除隐患，防止事故，而且还能提高生产效率。

安全妙语"谨"上添花：

生产问题不积累　　相互攀比有提高
重点解决有安全　　谨小细节不放松
经常举办安全日　　班组安全节节高

第二节　安全检查做得好　作业现场心不慌

一、掌握安全检查基本步骤

1. 班组安全检查的目的

开展班组安全生产检查，就是根据上级有关安全生产的方针、政策、法令、指示、决议、通知和各种标准，运用系统工程的原理和方法，识别生产活动中存在的物的不安全状态、人的不安全行为，以及生产过程中潜在的职业危害。

检查是手段，整改是目的。因此在检查中要做到三个百分之百：即百分之百登记，百分之百上报，百分之百整改，从而达到消除和控制各种危险因素，防止伤亡事故和职业病发生的目的。

2．班组安全检查的内容

（1）检查职工是否树立"安全第一"的思想，安全责任心是否强，是否掌握安全操作技能和自觉遵守安全技术操作规程以及各种安全生产制度，对于不安全的行为是否敢于纠正和制止，是否严格遵守劳动纪律，是否做到安全文明生产。

（2）检查本班组是否贯彻了党和国家有关安全生产的方针政策和法规制度，对安全生产工作的认识是否正确，是否建立和执行了班组安全生产责任制，是否贯彻执行了安全生产"五同时"，对伤亡事故是否坚持做到了"四不放过"，特种作业人员是否经过培训、考核、持证操作，班组的各项安全规章制度是否建立与健全，并严格贯彻执行。

（3）检查生产现场是否存在物的不安全状态。

- 检查设备的安全防护装置是否良好。
- 防护罩、防护栏（网）、保险装置、连锁装置、指示报警装置等是否齐全灵敏有效，接地（接零）是否完好。
- 检查设备、设施、工具、附件是否有缺陷。
- 制动装置是否有效，安全间距是否合乎要求，机械强度是否符合要求、电气线路是否老化、破损，超重吊具与绳索是否符合安全规范要求，设备是否带"病"运转和超负荷运转。
- 检查易燃易爆物品和剧毒物品的储存、运输、发放和使用

情况，是否严格执行了制度，通风、照明、防火等是否符合安全要求。

● 检查生产作业场所和施工现场有哪些不安全因素。有无安全出口，登高扶梯、平台是否符合安全标准，产品的堆放、工具的摆放、设备的安全距离、操作者安全活动范围、电气线路的走向和距离是否符合安全要求，危险区域是否有护栏和明显标志等。

（4）检查职工在生产过程中是否存在不安全行为和不安全的操作。

- 检查有无忽视安全技术操作规程的现象。比如操作无依据、没有安全指令、人为地损坏安全装置或弃之不用，冒险进入危险场所，对运转中的机械装置进行注油、检查、修理、焊接和清扫等。

- 检查有无违反劳动纪律的现象。比如在作业场所工作时间内开玩笑、打闹、精神不集中、脱岗、睡岗、串岗；滥用机械设备或车辆等。

- 检查日常生产中有无误操作、误处理的现象。比如在运输、起重、修理等作业时信号不清、警报不鸣；对重物、高温、高压、易燃、易爆物品等作了错误处理；使用了有缺陷的工具、器具、起重设备、车辆等。

- 检查个人劳动防护用品的佩戴和使用情况。比如进入工作现场是否正确穿戴防护服、帽、鞋、面具、眼镜、手套、口罩、安全带等；电工、电焊工等电气操作者是否佩戴超期绝缘的防护用品、使用超期防毒面具等。

- 及时发现并积极推广安全生产先进经验。安全生产检查不仅要查出问题，消除隐患，而且还要发现安全生产的好典型，并进行宣传、推广，掀起学习安全生产经验的热潮，进一步推动安全生产工作。

安全妙语"谨"上添花：

班组检查头绪多　　重点部位重点查
牢记细节勤分析　　违规现象要指出

二、班组日常安全检查——"一班三检"制

1. 怎样开展"一班三检"制

"一班三检"制是指按安全检查制度的有关规定，每天都进行的、贯穿于生产过程中的检查。主要是通过班组长、工会小组劳动保护检查员、班组安全员及操作者的现场检查，以发现生产过程中一切物的不安全状态和人的不安全行为。目前，很多班组实行"一班三检"制，即班前、班中、班后进行安全检查。"班前查安全，思想添根弦；班中查安全，操作保平安；班后查安全，警钟鸣不断"。这句话充分说明了"一班三检"制的意义和重要性。因此，班组即使面临的生产任务再重，时间再紧，也必须把"一班三检"制坚持好。

（1）注重实效，防止走过场。

"一班三检"检查的侧重点不同，"班前检查"的内容有三项：

● 检查防护用品和用具，看班组成员是否按要求佩戴了防护用品，是否按规定携带了防护用具。如果不符合规定，应督促他们改正。

● 检查作业现场，看是否存在不安全因素，如果存在应及时排除。

● 检查机械设备，看是否处于良好状态，如有故障则应及时检修。

"班中检查"的重点：

"班中检查"的重点是对设备运行状况、作业环境危险因素进

行检查，并制止和纠正违章行为，消灭事故苗头，保证班组成员按章操作和设备正常运行。

"班后检查"的内容：

检查工作现场和机械设备，做到工完场清，防护用品、用具摆放有序，机械设备处于完好状态，不给下一班留下隐患。对"一班三检"制规定的检查项目，班组长及每个班组成员必须逐项地进行认真检查，不放过任何一个可疑点。任何疏忽，都有可能形成事故隐患。

（2）班中检查作为重点。上班至下班这段时间较长，班组成员实际的作业行为频繁，机械设备也都处于运行状态，不可避免地会遇到许多新情况、新问题，因此，班中的安全检查是一个重点。班组长要做有心人，经常地督促检查；班组成员要随时注意自己作业岗位的安全状况，遇有重大事故隐患，应停止作业，并及时上报。在隐患消除、确保安全的情况下，才能重新作业。

（3）把检查督促与安全教育结合起来。一些班组成员对规章制度抱着消极应付的态度。因此，班组长必须把抓制度与抓教育有机地结合起来，把"一班三检"制中遇到的问题放到教育中去解决，只有班组成员的防护意识提高了，才能主动地接受检查，自觉地遵守规章。

（4）持之以恒，常抓不懈。坚持"一班三检"制，必须使实劲，有韧劲。部分班组成员认为："天天检查，也没查出什么漏洞和隐患，隔三岔五检查一下就行了"，因而，使"一班三检"时紧时松。在上级强调或出了事故时，便抓得紧一些；时间一久又松懈下来，使制度形同虚设。这种认识和做法是十分有害的。应当认识到,以前没有检查出漏洞和隐患,不等于以后不出漏洞与隐患。俗话说"天天洗脸,时时防火",对事故这个祸害也必须天天、时时加以防范,而坚持"一班三检"制正是天天、时时预防事故发生的有效措施。

2."一班三检"的方法和手段

安全检查是运用安全系统工程的原理对系统中影响安全的有关要素逐项进行检查的一种方法。

(1)安全检查表。安全检查表是安全检查的一种有效工具。安全检查表是一个较为系统的安全问题的清单,它事先把检查对象系统地加以剖析,查出不安全因素的所在,然后确定检查项目并按系统顺序编制成表。由于检查表做到了系统化、完整化,所以不会漏掉任何可以导致危险的关键因素。同时,安全检查表简明易懂,容易掌握。因此,班组应针对不同的检查对象,事先准备好相应的安全检查表,可以保证安全检查充分发现问题,不留任何隐患。

(2)安全检查表的填写。安全检查表的填写一般采用提问方式,即以"是"或"否"来回答,"是"表示符合要求,"否"表示存在问题,有待进一步改进。检查表内容要具体、细致,条理清楚,重点突出。表中应列举需要查明的所有可能导致伤亡事故的不安全状态和行为,将其列为问题,并在每个提问后面设改进措施栏。

(3)安全检查表的编制。安全检查表可以按生产系统、班组编写,也可以按专题编写。

在编制安全检查表时要做到依据准确,即让检查表在内容上和实际运用中均能达到科学、合理,并符合法律要求。检查表内容必须符合检查对象的实际情况,切忌生搬硬套,流于形式。

检查表还要突出重点,即要把经常出现事故隐患、最容易发生事故的项目作为重点;主次分明,即对检查项目按可能存在的危险程度,分为必检项目、评价项目、一般检查项目、经常项目。做到先主后次,重点突出,要求具体。

为了便于使用,检查表不宜太庞杂、烦琐。一个编制完善的检查表,既可以在检查中使用,也可以对已发生的事故或出现的

作业现场安全知识宣传教育手册

问题进行诊断,查清事故原因和责任者。

（4）安全检查。检查是手段,目的是及时发现问题、解决问题。应该在检查过程中或检查以后,发动群众及时整改。整改应实行"三定"（定措施、定时间、定负责人）,"四不推"（班组能解决的,不推到工段；工段能解决的,不推到车间；车间能解决的,不推到厂；厂能解决的,不推到上级）。对于一些长期危害职工安全健康的重大隐患,整改措施应件件有交代,条条有着落。为了督促各单位事故隐患整改工作的落实,可采用向存在事故隐患的单位下发《事故隐患整改通知书》的方式,指定其限期整改。

对于检查中发现的不安全因素，应分情况对待处理。对领导违章指挥、工人违章操作等，应当场劝阻，并通知现场负责人严肃处理；对生产工艺、劳动组织、设备、场地、操作方法、原料、工具等存在的安全问题，应通知责任单位限期改进；对严重违反国家安全生产法规，随时有可能造成严重人身伤亡的装备设施，应立即通知责任单位处理。

安全妙语"谨"上添花：

一班三检容易做　　具体分析具体查
注重实效是前提　　检查表格要重视
常抓不懈有韧劲　　内容不要太繁杂

第三节　作业现场职责与禁令

一、班组成员的安全生产职责

（1）每个班组成员都应在自己的岗位上认真履行各自的安全职责，对本岗位的安全生产负直接责任。

（2）认真学习和严格遵守各项规章制度、劳动纪律，必须严格遵守安全操作规程；并劝阻制止他人违章作业。

（3）对管理人员违章指挥、强令冒险作业的行为有权拒绝执行；对危害生命安全和身体健康的行为，有权提出批评、检举和控告。

（4）精心作业，做好各项记录，交接班必须交接安全生产情况，交班要为接班创造安全生产的良好条件。

（5）正确分析、判断和处理各种事故苗头，把事故消灭在萌芽状态。发生事故，要果断、正确地处理，及时如实地向上级报告，严格保护现场，做好详细记录。

（6）发现异常情况，及时处理和报告。

（7）加强设备维护，保持作业现场整洁，搞好文明生产。

（8）上岗必须按规定着装。妥善保管、正确使用各种防护用品和消防器材。

（9）积极参加各项安全活动、岗位技术练兵和事故应急演练。

安全妙语"谨"上添花：

履行职责为安全　　认真学习严遵守
规章制度要记牢　　精心作业好处多

二、作业现场安全生产禁令

1. 在岗人员"十个必须遵守"

- 必须树立"安全第一"的思想。
- 必须佩戴好劳动防护用品。
- 必须严格按照规程操作。
- 必须服从领导听指挥。

- 在岗位时必须勤瞭望、勤联系。
- 工具必须对号入座，放在指定位置。
- 必须坚守岗位。
- 必须保持岗位文明、卫生。
- 发现隐患必须及时报告。
- 必须严格执行交接班制度，并办好交接手续。

2. 操作人员"六个严格遵守"

- 严格进行交接班。
- 严格进行巡回检查。
- 严格控制工艺指标。
- 严格执行操作票。
- 严格遵守劳动纪律。
- 严格执行有关安全规定。

3. 班组生产调度"五不准"

- 危险作业未经审批，不准作业。
- 设备安全防护装置不全、不灵，不准使用。
- 新工人未经三级安全教育，不准上岗。
- 特种作业人员未经安全培训、取证，不准独立操作。
- 劳动组织、人员调配、作业方式不符合安全要求，不准违章指挥。

4. 进入容器、设备"八个必须"

- 必须申请，并得到批准。

- 必须进行安全隔绝。
- 必须进行置换、通风。
- 必须按时间要求，进行安全分析。
- 必须佩戴规定的防护用具。
- 必须在容器外有人监护。
- 监护人员必须坚守岗位。
- 必须有抢救设备和措施。

5．防止违章动火"六大禁令"

- 没有批准动火证，任何情况严格禁止动火。
- 不与生产系统隔绝，严格禁止动火。
- 不进行清洗、置换合格，严格禁止动火。
- 不把周围易燃物清除，严格禁止动火。
- 不按时做动火分析，严格禁止动火。
- 没有消防措施、无人监护，严格禁止动火。

6．机动车辆"八大禁令"

- 严禁酒后开车。
- 严禁无证开车或无令（调度令）开车。
- 严禁超速开车。
- 严禁空挡滑行。
- 严禁设备带"病"行车。
- 严禁人货混载行车。
- 严禁超标（超高、超长、超重）装载行车。
- 严禁分散精力开车。

7. 建筑、安装"十大安全措施"

● 按规定使用安全"三宝"(安全带、安全帽、安全网)。

● 机械设备的安全防护装置一定要齐全、有效。

● 塔式起重机等起重设备必须具备限位保险位置,不准带"病"运转,不准超负荷作业,不准在运转中维修保养。

● 架设电气线路必须符合当地电业局的规定,电气设备必须全部接零、接地。

● 电动机械和手持电动工具要设置漏电保护装置。

● 脚手架材料和脚手架设备必须符合规程要求。

● 各种缆风绳及其设置必须符合要求。

● 在建工程的楼梯口、预留洞口、通道口必须有防护设施。

● 严禁赤脚或穿高跟鞋、拖鞋进入施工现场,高处作业不准穿硬底和带钉、易滑鞋靴。

- 施工现场的悬崖、陡坡等危险地区应有警戒标志，夜间要设立红色灯示警。

8. 起重作业"十不吊"

- 指挥信号不明或乱指挥不吊。
- 超负荷不吊。
- 工件紧固不牢不吊。
- 吊物上面有人不吊。
- 安全装置不灵不吊。
- 工件埋在地下不吊。
- 光线昏暗、看不清不吊。
- 斜拉工件不吊。
- 棱角物件没有措施不吊。
- 钢水包过满不吊。

9. 登高作业"十不登高"

- 患有登高禁忌证者，如患有高血压、心脏病、贫血、癫痫等的工人不登高。
- 未按规定办理高处作业审批手续的不登高。
- 没有戴安全帽、系安全带，不扎紧裤管和无人监护不登高。
- 暴雨、大雾、六级以上大风时，露天不登高。
- 脚手架、跳板不牢不登高。
- 梯子撑脚无防滑措施不登高；采用起重吊运、攀爬脚手架、攀爬设备等方式不登高。
- 穿着易滑鞋和携带笨重物件不登高。

- 石棉瓦和玻璃钢瓦片上无牢固跳板不登高。
- 高压线旁无遮拦不登高。
- 夜间照明不足不登高。

10．焊接作业"十不烧"

- 不是焊工不烧。
- 要害部门和重要场所未经批准不烧。
- 不了解焊接地点周围情况不烧。
- 用可燃材料作保温隔音的部位不烧。
- 装过易燃易爆物品的容器不烧。
- 不了解焊接物内部情况不烧。
- 密闭或有压力的容器管道不烧。
- 焊接部位有易燃易爆物品不烧。
- 附近有与明火作业相抵触的作业不烧。
- 禁火区内未办理动火审批手续不烧。

11．电气作业"十不准"

- 非持证电工不准装接电气设备。
- 任何人不准玩弄电气设备和开关。
- 破损的电气设备应及时修理或更换，不准使用绝缘损坏的电气设备。
- 不准利用电炉和灯泡取暖。
- 设备检修切断电源时，任何人不准启动挂有警告牌的电气设备或合上拔去的熔断器。
- 不准用水冲洗、揩擦电气设备。

- 熔丝熔断时,不准更换容量不符的熔丝。
- 不办任何手续,不准在埋有电缆的地方进行打桩和动土。
- 发现有人触电,应立即切断电源进行抢救,未脱离电源前不准直接接触触电者。
- 雷雨天气,不准接近避雷器和避雷针。

12. 下班离岗前"十要"

- 电闸要拉下、断开。
- 门窗要关严、锁牢。
- 热源处不堆放易燃易爆物品。
- 怕光晒的物品要遮盖好。
- 液流开关要关闭。
- 各种用具要清点后收齐放好。
- 易燃、易爆物品要注意通风良好,不得超量存放。
- 防雷、防雨设施要保证完好,沟渠要保持畅通。
- 冬季取暖设备的泄水阀要保持正常。
- 火种要妥善处理好。

安全妙语"谨"上添花:

生产禁令大如天　　各种规则记心间
违章操作事故来　　离岗不留小隐患
现场操作不溜号　　在岗员工要安全

第三章

安全标志要注意
目视管理保安全

第一节　安全标志是通往目视化管理的桥梁

一、安全标志的定义及分类

安全标志是由安全色、几何图形和形象的图形符号构成的，用以表达特定的安全信息，是一种国际通用的信息标志。

安全标志分为禁止标志、警告标志、指令标志和提示标志四类。

（1）禁止标志的含义是禁止人们的不安全行为；其基本形式为带斜杠的圆形框。圆形和斜杠为红色，图形符号为黑色，衬底为白色。禁止标志图形共 40 个。

（2）警告标志的含义是提醒人们对周围环境引起注意，以避免可能发生的危险；其基本形式是正三角形边框。三角形边框及图形符号为黑色，衬底为黄色。警告标志图形共 39 个。

 作业现场安全知识宣传教育手册

禁止乘人	禁止堆放	禁止抛物	禁止戴手套

禁止穿化纤衣服	禁止穿带钉鞋	禁止攀登	禁止跳下

禁止入内	禁止停留	禁止通行	禁止靠近

禁止带火种	禁止用水灭火	禁止放置易燃物	禁止启动

禁止合闸	禁止触摸	禁止跨越	禁止饮用

第三章 | 安全标志要注意 目视管理保安全

 禁止吸烟
 禁止烟火
 禁止溜冰
 禁止开启无线移动通讯设备

 禁止伸出窗外
 禁止伸入
 禁止推动
 禁止佩带金属物或手表

 禁止携带化学物质或放射性物品
 禁止携带气体易燃易爆物品
 禁止有毒有害物质及不良废料
 禁止携带武器及仿真武器

 禁止戴助心脏起搏器者靠近
 禁止筒靴
 禁止游泳
 禁止植入金属材料者靠近

 禁止坐卧
 禁止叉车矿广车辆车辆通行
 禁止踩踏
 禁止转动

禁止标志

作业现场安全知识宣传教育手册

当心吊物	当心车辆	当心火车	当心叉车

当心磁场	当心低温	当心坠落	当心缠绕

当心高温表面	当心滑倒	当心挤压	当心夹手

当心落水	当心碰头	当心有犬	当心障碍物

当心塌方	当心弧光	当心烫伤	当心沉陷

第三章 | 安全标志要注意 目视管理保安全

 当心落物
 当心坠落
 当心扎脚
 当心伤手

 当心机械伤人
 当心电缆
 当心触电
 当心感染

 当心中毒
 当心腐蚀
 当心爆炸
 当心火灾

 注意安全
 当心自动启动
 当心微波
 当心激光

 当心裂变物质
 当心电离辐射
 当心塌顶

警告标志

57

作业现场安全知识宣传教育手册

（3）指令标志的含义是强制人们必须做出某种动作或采用防范措施；其基本形式是圆形边框。图形符号为白色，衬底色为蓝色。指令标志图形共 16 个。

指令标志

（4）提示标志的含义是向人们提供某种信息（如标明安全设施或场所等）。其基本形式是正方形边框。图形符号为白色，衬底色为绿色。提示标志图形共 8 个。

提示标志

二、安全色使用标准

（1）红色。红色表示禁止、停止、消防和危险的意思。凡是禁止、停止和有危险的器件设备或环境，均应涂以红色的标记。

（2）黄色。黄色表示注意。警告人们注意的器件、设备或环境，应涂以黄色标记。

（3）蓝色。蓝色表示指令必须遵守的规定。

（4）绿色。绿色表示通行、安全和提供信息的意思。凡是在可以通行或安全的情况下，均应涂以绿色标记。

（5）红色和白色相间隔的条纹。红色与白色相间隔的条纹，比单独使用红色更为醒目。它表示禁止通行、禁止跨越，用于公路、交通等方面所用的防护栏杆及隔离墩。

（6）黄色与黑色相间隔的条纹。黄色与黑色相间隔的条纹，比单独使用黄色更为醒目。它表示特别注意，用于起重吊钩、平板拖车排障器、低管道等方面。相间隔的条纹，两色宽度相等，一般为 10 mm。在较小的面积上，其宽度可适当缩小，每种颜色不应少于两条，斜度一般与水平成 45°。在设备上的黄、黑条纹，其倾斜方向应以设备的中心线为轴，呈对称形。

（7）蓝色与白色相间隔的条纹。蓝色与白色相间隔的条纹，比单独使用蓝色更为醒目，它表示指示方向，用于交通上的指示性导向标。

（8）白色。标志中的文字、图形、符号和背景色以及安全通道、交通上的标线用白色。标示线、安全线的宽度不小于 60 mm。

（9）黑色。禁止、警告和公共信息标志中的文字、图形都应该用黑色。

> 安全妙语"谨"上添花：
>
> 红黄蓝绿黑白色　　仔细区分多注意
> 安全指示很重要　　标示明确保安全

三、安全标志的具体应用

1. 安全禁区指示

生产作业现场内，有一些地方，如机器运作半径的范围内、高压供电设施的周围、有毒物品的存放场所等，如果不小心，很容易发生意外。因此，基于安全上的考虑，这些地方应被划为禁区。

（1）在危险地区的外围围一道铁栏杆，让人们即使是想进入也无路可走；铁栏杆上最好再标示上如"高压危险，请勿走近"

的文字警语。

（2）若没办法架设铁栏杆，可以在危险的部位漆上代表危险的红漆，让大家心生警惕。

2. 黄色标线指示

在某些比较危险但又容易为人所疏忽的区域或通道，在其地面画上黄色标线，利用人对黄色的敏感来提醒员工注意安全。

3. 限高标志指示

（1）红色标线。假设厂房内搬运的高度设限是 5 m，在通道旁的墙壁上，从地面上量起 5 m 的地方画上一条红线，让搬运人员目测判断，他所运送的东西的高度是否超过了红线（5 m 处）。

（2）防撞栏网。在通道处设置防撞栏网，这个网的底部，距离地面的高度刚好是 5 m，当运输的东西的高度超过 5 m，就会先碰到这个栏网。此时，栏网会发出一个信号，让搬运的人很容易知道超过了限高，从而采取相应措施。

4. 急救箱标识

急救箱上均会有一个很明显的红十字标志，需要时人们能很容易找到它。

安全妙语"谨"上添花：

作业区域要明示　　限高标志勿超越
黄色标线要注意　　急救箱上红十字

四、安全标志牌的制作

1. 标志牌的衬边

安全标志牌要有衬边,除警告标志边框用黄色勾边外,其余全部用白色将边框勾一窄边,即为安全标志的衬边,宽度为标志边长或直径的 0.025 倍。

2. 安全标志牌型号的选用

安全标志牌根据尺寸大小可分为 7 种型号,1 型最小,依此类推,7 型最大。型号选用规定如下:

(1)工地、工厂等的入口处设 6 型或 7 型。

(2)车间入口处、厂区内和工地内设 5 型或 6 型。

(3)车间内设 4 型或 5 型。

(4)局部信息标志牌设 1 型、2 型或 3 型。

(5)在工厂内,当所设标志牌其观察范围不能覆盖全厂或全车间面积时,应多设几个标志牌。

3. 安全标志牌设置的高度

安全标志牌的设置高度,应尽量与人眼视线高度相一致。标志牌与人视角的夹角在观察者位于最大观察距离时,最小夹角不低于 75°。

4. 安全标志牌使用要求

(1)标志牌应设在相关安全部位,并确保醒目。环境信息标志宜设在相关场所的入口处和醒目处；局部信息标志应设在所涉及的相关危险地点或设备（部件）附近的醒目处。

（2）标志牌不应设在门、窗、架等可移动的物体上；标志牌前不得放置妨碍认读的障碍物。

（3）标志牌应设置在明亮的环境中。

（4）多个标志牌一起设置时，应按警告、禁止、指令、提示的顺序，先左后右、先上后下地排列。

（5）标志牌的固定方式分为附着式、悬挂式和柱式三种。无论使用哪一种方式，设置都应确保牢固、稳定。

5．安全标志牌检查和维修

安全标志牌每年至少检查一次，发现有破损变形、褪色等不符合要求的现象时应及时修整或更换。

安全妙语"谨"上添花：

标识制作有要求　　张贴醒目无遮挡
设置高度有区分　　经常检查勤维护

五、消防器材安全标志的应用

消防栓、灭火器等消防器材应妥善管理，以备不时之需，具体可采用以下目视方法。

1. 消防器材要固定摆放

灭火器等消防器材，需放于固定位置，当意外发生时，人们可以立刻找到它们。另外，现场的灭火器悬挂于墙壁上且其质量超过 18 kg 时，灭火器与地面的距离应低于 1 m；若重量在 18 kg 以下则其高度不得超过 1.5 m。

2. 消防安全标志要明显

工厂内的消防器材，常被其他物品遮住，这势必会延误取用的时机，所以，应在放置这些消防器材的地方设立一个具有高度警示作用的安全标志，来增加其能见度。

3. 消防器材安全区

消防器材前面一定要保持畅通，才不会造成取用时的阻碍。为了避免其他物品的占用，在这些消防器材前面，一定要规划出安全区，并且画上黄色标线，提醒大家共同遵守安全规则。

4. 显而易见的操作说明

在放置这些消防器材的墙壁上，贴上一张简易操作步骤说明图，让所有人方便参考使用。

5. 换药日期标签

注意灭火器内的药剂的有效期限，以确保灭火器的可用性。把该灭火器的换药期限明确地标示在灭火器上，让所有人共同来注意安全。

六、理解安全标语和作业看板的安全内容

工厂是人、物、设备的集合体，意外事件发生的概率比一般家庭大得多。一旦发生意外，后果是无法估量的。因此，工厂意外事件的防范绝对不能掉以轻心。

安全标语的使用，可以提醒大家重视安全，降低意外事件的发生率。

1. 正确理解安全标语传递的信息

（1）注意安全标语与周边环境的信息联系。企业规划与布置的安全标语只为企业安全生产服务，其关键在于如何与环境相协

调。比如，关于企业全局性的安全理念安放在非常醒目、开放性的位置，而现场则可依据安全隐患的主次关系进行排列，防火重点部位、检修间、运行操作区域的安全标语是有所不同的，因此，员工要加以区分。

（2）安全标语突出了企业安全工作的重点和难点。每个企业都有自己的发展历程和发展战略，员工思维一定要紧跟公司的发展，不能一成不变。安全标语要做到与时俱进，最大限度地发挥其警示作用，员工要深刻加以理解。

（3）多提合理化建议。根据安全标语的具体理念，以关心人、理解人、尊重人、爱护人作为基本出发点，员工也要提出合理化的安全建议，使企业采取晓之以理、动之以情的方式方法，适应职工的心理和文化需求，增加安全生产标语的亲和力和感染力，避免居高临下式的空洞说教。

2．时常关注标准作业看板

通过标准作业看板，使大家在作业时能有一些安全的示范，以避免意外事件出现。

安全妙语"谨"上添花：

消防器材有标志　　安全标语很重要
具体功用要牢记　　言简意赅勤提醒
位置固定标志清　　作业看板有标准

第二节　员工的安全目视化

一、目视管理的起源

目视管理与准时生产制密切相关，它能有效地提高生产效率和生产灵活性。目视管理最初由日本丰田公司所应用，它主要是通过看板管理的方式在工厂应用。随着生产方式的不断发展，工厂应用了各种改进的目视手法，例如标志牌、颜色管理等。

二、目视管理的特点

（1）以视觉信号显示为基本手段，让员工一看便知。

（2）以公开、透明化为基本要求，尽可能地使管理者的要求和意图让员工看得见，借以推动自主管理及自主控制。

（3）现场工作人员可以通过目视方式，将自己的建议、成果、感想展示出来，与领导、同事进行相互交流。

三、目视管理的应用

目视管理在工厂中的应用很多，主要有以下几种类型。

（1）实物模型。对各种切削工具进行摆放时，会采用木模法，即在放置工具的架子上放上一块木板，在木板上先依照各种切削工具的大小、外形加以雕刻，制作成一个模子。这样，员工在使用完工具后，就很容易做到物归原位。

（2）灯号。生产线上都有生产指示灯，根据不同的灯号就能掌握生产的进度情况。

（3）颜色。工厂的各种管道分别漆上不同颜色，以代表不同的物质。工厂中地板上不同颜色的油漆画线代表不同区域，一般来说，绿色代表作业区，蓝色代表休闲区。

（4）看板、标示（含记号、标记、标志）。各种生产作业看板、公告栏等都是目视管理的具体应用。安全标志、门牌标志等都能提醒员工各种具体的注意事项。

安全妙语"谨"上添花：

目视管理新概念　　一看便知勿多言
你我都要齐掌握　　省时省力真安全

四、生产现场的目视管理

生产现场的目视管理就是对生产现场的进度、物料或半成品的库存量、品质不达标、设备故障、停机原因等状况，以视觉化的工具进行预防管理。

1. 生产现场作业目视化

（1）目视作业标准，利用图片做成各种作业指导书或工艺流程。

（2）对工具、零件放置场所实施颜色管理。

（3）异常警示灯。

（4）做好区域画线，对物品的放置场所进行标示。

（5）使用各种安全标志。

2. 生产现场质量目视化

（1）检测量规仪具。

（2）不达标产品。

（3）检测器具精度在规定值内、外的颜色区别。

（4）检查作业指导书。

3. 生产现场要点目视化

（1）对各加油口进行颜色标示。

（2）制作操作示范图，对具体操作动作做好顺序指引。

（3）保养部位色别管理，对定期保养部位进行标示。

（4）危险动作部位用颜色加以区分，如紧急停止开关用红色标示。

（5）换模部位与固定部位的颜色区分。

（6）仪表安全范围色别管理。

（7）螺钉、螺栓的配合记号。

（8）管路色别管理，即相似的油及溶剂的颜色区分。

4. 间接部门生产现场目视化

与生产现场密切合作的间接部门（非制造部门），如采购、仓库、设计等部门，它们的现场也要做好目视化。

间接部门现场方面的目视化，主要是指信息的共有化，业务的标准化、简单化、原则化等。间接部门借此提供快捷、准确的信息给生产现场，以有效地解决问题。

5．员工作业现场目视具体化

（1）规章制度与工作标准公开化。

● 凡是与现场人员密切相关的规章制度、标准、定额等，都需要公布于众。

● 与岗位人员直接有关的资料，如岗位责任制、操作程序图、工艺卡等，应分别展示在岗位上，并且要保持完整、正确和洁净。

（2）生产任务与完成情况图表化。生产任务一般都是以班组的形式展开执行的，因此，凡是班组的工作任务都必须公布。

● 计划指标要定期层层分解，落实到车间、班组和个人，并列表张贴在墙上。

● 实际完成情况也要相应地按期公布，可以使用可视化的图表，使大家看出各项计划指标执行中出现的问题和发展的趋势，以促使相关人员按质、按量、按期地完成各自的任务。

（3）与定置管理相结合，实现视觉显示信息标准化。

● 在定置管理中，为了保证物品不被错误放置，必须有完善而准确的信息显示，包括区域画线、标志牌和标志色。

● 目视管理在这里便与定置管理融为一体。按定置管理的要求，生产现场须采用清晰的、标准化的信息显示符号，给各种区域、通道及各种辅助工具（如工具箱、料架、工位器具等）都涂上标准颜色。

（4）生产作业控制手段形象直观与使用方便化。为有效地进行生产作业控制，让每个生产环节、每道工序都能严格地按照预定日期和质量标准进行生产，杜绝过量生产、过量储备。生产作业应采用与生产现场工作状况相适应的、简便实用的信息传导信号，以便在后工序发生故障或由于其他原因停止生产、不需要前工序供应在制品时发出信号。前工序操作人员看到信号，便能及时停止投入。"看板"就是一种能很好地起这种作用的信息传导手段。

各生产环节及工种之间的联络，也要设立方便、实用的信息传导信号，以尽量减少工时损失，提高生产的连续性。比如，可在机器设备上安装红灯，在流水线上配置工位故障显示屏，一旦发生停机，即可发出信号，巡回检修人员看到后就会及时前来修理。

生产作业要做好质量控制和成本控制，也要实行目视管理。例如，在各质量管理点（控制）要有质量控制图，以便清楚地显示质量波动情况，及时发现异常，及时处理问题。

（5）物品码放和运送数量标准化。物品码放和运送实行标准化，可以充分发挥目视管理的长处。例如，各种物品实行"五五码放"；各类工位器具包括箱、盒、盘、小车等，均应按规定的标准数量盛装。这样，操作、搬运和检验人员点数时既方便又准确。

（6）现场人员着装统一化与实行挂牌制度。

● 着装统一化。现场人员的着装不仅起劳动保护的作用，在机器生产条件下，也是正规化、标准化的内容之一。它不但可以体现员工队伍的优良素养，显示企业内部不同单位、工种和职务之间的区别，还具有一定的心理作用，能使人产生归属感、荣誉感、责任心等；同时，统一着装对于组织指挥生产，也可创造一定的方便条件。

● 挂牌制度。挂牌制度包括部门挂牌和个人佩戴标志。

按照企业内部各种检查评比制度，将那些与实现企业战略任务和目标有重要关系的考评项目的结果，以形象、直观的方式给部门挂牌。这样做能够激励先进部门更上一层楼，鞭策后进部门做好改善管理。

个人佩戴标志，如胸章、胸标、臂章等，其作用与着装类似。

（7）色彩的标准化管理。色彩是现场管理中常用的一种视觉信号，目视管理要求科学、合理、巧妙地运用色彩，并实现统一的标准化管理，不允许随意涂抹。这是因为色彩的运用受以下多种因素制约。

● 技术因素。不同色彩有不同的物理指标，如波长、反射系数等。强光照射的设备多涂成蓝灰色，是因为其反射系数适度，不会过分刺激眼睛；危险信号多用红色，这既是传统习惯，也是因其穿透力强、信号鲜明的缘故。

● 心理因素。不同色彩会给人以不同的重量感、空间感、冷暖感、软硬感、清洁感等情感效应。例如，低温车间采用红、橙、黄等暖色，使人感觉温暖；而高温车间的涂色则应以浅蓝、蓝绿、白色等冷色为基调，这样可给人以清爽、舒心之感；热处理设备多用铅灰色，能起到降低"心理温度"的作用。

● 生理因素。从生理上看，人长时间受一种或几种杂乱的颜色刺激，会产生视觉疲劳。因此，员工休息室的色彩就要讲究一些，以利于消除员工的职业疲劳。

> 安全妙语"谨"上添花：
>
> 生产现场目视化　　规章明确容易查
> 概念很小作用大　　制度分开墙上挂

五、作业现场电气安全目视化

1. 电气作业安全色

在电气设备上用黄、绿、红三色分别代表 L1、L2、L3 三个相序。涂成红色的电器外壳，是表示其外壳有电；灰色的电器外壳，是表示其外壳接地或接零；线路上蓝色，代表工作零线；明敷接地扁钢或圆钢涂黑色；用黄绿双色绝缘导线，代表保护零线；直流电中红色代表正极，蓝色代表负极；信号和警告回路用白色。

2. 电气作业安全标志

安全标志是提醒人员注意或按标志上注明的要求去执行的一种保障人身和设施安全的重要措施。安全标志一般设置在光线充足、醒目、稍高于视线的地方。

（1）对于隐蔽工程（如埋地电缆），在地面上要有标志桩或依靠永久性建筑挂标志牌，注明工程位置。

（2）对于容易被人忽视的电气部位，如封闭的架线槽、设备上的电气盒，要用红漆画上电气箭头。

（3）另外，在电气工作中还常用标志牌，以提醒工作人员不得接近带电部分、不得随意改变刀闸的位置等。

（4）移动使用的标志牌要用硬质绝缘材料制成，上面有明显标志。

安全妙语"谨"上添花：

电气独有安全标　　带电部位有指示
黄绿红色最常用　　作业人员要记牢

六、作业现场搬运目视化

除了特殊的大型产品外，大部分的工厂布置均是采用直线布置法或程序布置法，这两种方法均需要人员、机器及场所固定，而让物料、零件随着生产的进行而流动。因此，要使物料、半成品、成品在厂房内快速流动、不积压，除了生产计划与控制的完善外，还要加强对物料流动的设计。

1．搬运的方法

（1）人工搬运。这种做法既不安全，又不经济，更浪费体力及时间，一般情况下应避免。

（2）工具搬运。运用推车和油压拖板车等工具搬运，可大大提高工作效率，并可使厂房整齐，提升员工士气。

（3）机械搬运。根据物料或产品体积、搬运距离、流动方法等不同情况，可选择不同的机械方法来搬运，如卡车、叉车、输送带、升降机等。

2. 搬运装具

厂外供应的材料、零件通常使用不同规格的纸箱。这些纸箱使用完后，除了特殊用途外，应予废弃，不再重复使用。

成品的包装，通常使用纸箱，成品使用的纸箱应尽量标准化，以减少管理及仓储的困难。

半成品在制造流动中常以塑料箱为搬运工具。塑料箱可以用不同的颜色来区别产品状况，如蓝色代表正常良品，黄色代表待整修品，红色代表待报废品。塑料箱要规定标准容积，并依规定位置存放。

3. 搬运注意事项

（1）尽量使用工具搬运。

（2）尽量减少搬运次数。

（3）尽量缩短搬运距离。

（4）通道不可有障碍物。

（5）注意人身及产品安全。

（6）物料、半成品、产品应有明确的产品及途程标志，不可因搬运而导致混乱。

> 安全妙语"谨"上添花：
>
> 搬运物料要记牢　　搬运途中要注意
> 工具运用最有效　　身体安全最重要

七、仓库管理目视化

凡用于储存保管物资的场所，均称为货仓，而对于物料储存于仓库的管理称为货仓管理。

货仓管理功能：

（1）材料、半成品、成品的进仓、出仓管理。

（2）材料、半成品、成品的分类、整理、保管。

（3）供应生产所必需的材料并做好服务。

（4）材料账物的记录，使账物一致。

1. 仓库选址目视化

仓库规划对合理利用仓库和发挥仓库在物流中的作用有着重要意义。

它包括的内容主要有以下四点：

（1）仓库的合理布局。

（2）仓库的发展战略和规模，如仓库的扩建、改造任务，仓库吞吐、储存能力的增长等。

（3）仓库的机械化发展水平和技术改造方向，如仓库的机械化、自动化水平等。

（4）仓库的主要经济指标，如仓库主要设备利用率、劳动生产率、仓库吞吐储存能力、物资周转率、储存能力利用率、储运品质指标、储运成本的降低率等。

因此，仓库规划是在仓库合理布局和正确选择库址的基础上，对库区的总体设计、仓库建设规模以及仓库储存保管技术水平的确定。

2．仓储部门位置目视化

货仓部门的位置因厂而异，它取决于各工厂的实际需要。在决定货仓部门的位置时，应该考虑以下因素：

（1）物料容易验收。

（2）物料进仓容易。

（3）物料储存容易。

（4）方便仓库工作。

（5）仓储适合而安全。

（6）容易发料。

（7）容易搬运。

（8）容易盘点。

（9）有扩充的弹性与潜能。

3．仓库区位目视化

货仓区位的规划设计应满足以下要求：

（1）仓区要与生产现场靠近，通道顺畅。

（2）每仓要有相应的进仓门和出仓门，并有明确的标牌。

（3）货仓的办公室尽可能设置在仓区附近，并有仓名标牌。

（4）测定安全存量、理想最低存量或定额存量，并有标牌。

（5）按储存容器的规格、楼面载重能力和叠放的限制高度，将仓区划分若干仓位，并用油漆或美纹胶在地面标明仓位名、通道和通道走向。

（6）仓区内要留有必要的废、次品存放区，物料暂存区，待检区，发货区等。

（7）仓区设计，须将安全因素考虑在内，须明确规定消防器材所在位置、消防通道和消防门的位置、救生措施等。

（8）货仓的进仓门处，须张贴"货仓平面图"，反映该仓所在的地理位置、周边环境、仓区仓位、仓门各类通道、门、窗、电梯等内容。

4．仓库货位目视化

货位，即货物储存的位置。货位规格化，是运用科学的方法，通过周密的规划设计，进行合理分类、排列（库房号、货架号、层次号和货位号），使库内物品的货位排列系统化、规范化。

实行货位规格化的主要依据是物品分类目录、物品储备定额以及物品本身物理、化学等的自然属性。

（1）物品分类目录。为满足仓库管理适应计划管理、业务管理和统计报表的需要，并同采购环节相衔接，采用按供应渠道的物品分类目录分类较为合适。

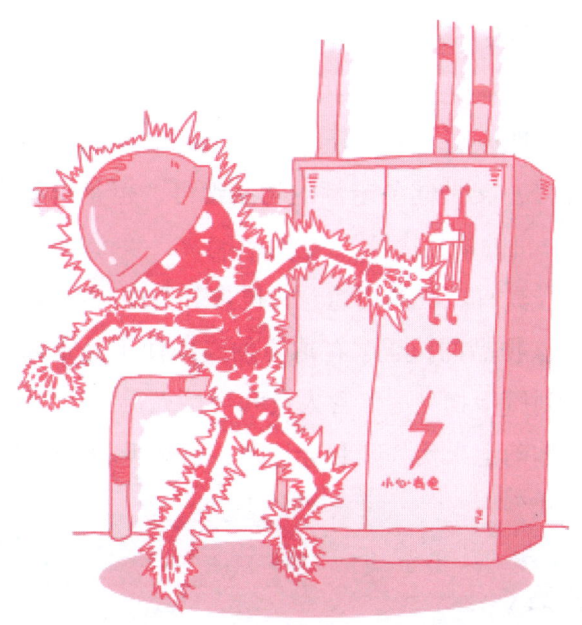

（2）物品储备定额。要按储备定额中的规定规划货位。如果无储备定额，可根据常备物品目录进行安排，并在货架上留有适当空位。

（3）物品本身的自然属性。如果不同物品本身的物理、化学性质相抵触，温、湿度要求不同，以及灭火方法相抵触等，则这些不同物品不能安排在一起存放。

5．货位编号

货位安排好之后，需要进行编号。编号应按下列原则进行。

（1）唯一原则。库存所有物品都有自己唯一的编号，号码不能互相重复。

（2）系列化原则。编号要按物品分类的顺序分段编排。物品的编号不是库存所有物品的一般顺序号，而是运用分类的分段顺序号。编号的分段序列符合物品分类目录的分段序列。

（3）实用性原则。编号应尽量简短，便于记忆和使用。

（4）通用性原则。编号要考虑各方面的需要，使物品的编号既是货位编号，又是储备定额的物品编号，也是材料账的账号，也可以是计算机的物品代号。

货位编号具有广泛的用途。货位按分类序列编号，知道了编号就知道了该物品的位置，存取方便，即使不是本库专职人员，也能很快找到所指物品；保管人员和会计人员按出、入库单据的物品编号可准确记入实物账和会计账，可减少和消除账物不符的现象。

安全妙语"谨"上添花：

仓库管理目视化　　货位明确容易查
醒目部位墙上挂　　编号固定账目清

第四章

作业现场要安全
特种设备是关键

第一节 压力容器安全操作技术

一、了解压力容器

压力容器是各行各业广泛使用的、同时具有爆炸危险的特种设备，它具有以下几个特征：

（1）生产工艺要求高。许多压力容器使用单位，特别是石油、化工等行业，生产线长，容器种类多、数量多，同时相互制约，而且连续性生产多，随着生产的发展、科技的进步，集中控制、自动调节应用日趋广泛，对设备运行的可靠性要求愈来愈高。

（2）使用条件比较恶劣。为适应生产工艺的需要，压力容器要承受一定的压力，甚至是较高的压力，有时由于间歇式操作或交替加入不同介质的原因，要承受压力的大幅度波动。

一些压力容器需要在-20℃以下的低温状态工作,也在一些压力容器需要在450℃以上的高温状态工作,间歇式操作的容器以及一些加热、冷却交替进行的容器还要受到温度大幅度变化的影响。此外,压力容器还受到介质对它的腐蚀影响,一些不易扩散的介

质会因微量泄漏造成集聚,在静电火花等触发下会引起燃烧、爆炸等。

(3)载荷种类多。由于压力容器工作条件特殊,它承受的载荷是多方面因素引起的,概括起来主要有介质压力的载荷,液体的静压力,容器自重(包括内件、填料等)以及正常条件下或试验条件下内装物料的重力载荷,装于容器上的附属设备及隔热材料、衬里、管道、扶梯、平台等重量引起的重力载荷、风载荷、雪载荷及地震载荷和其他因素引起的载荷。

多种因素引起的载荷:

①容器支座的反作用力;

②温差引起的载荷,特别是间歇操作的容器,交替使用冷、热介质的容器,各部分温度不同,同时受邻近部件的约束不能自由伸缩造成的载荷;

③连接管道及其他部件的振动引起的载荷;

④容器在运输或吊装过程中承受的载荷。

（4）操作要求高。压力容器的运行情况主要依靠仪表监视，温度、压力的变化往往在瞬间发生且影响因素多，一旦操作失误，就会发生事故，严重时会导致爆炸事故的发生。

安全妙语"谨"上添花：

压力容器用处大　　生活生产全靠它
型号用途有规定　　维护保养保安全

二、容器破裂爆炸的危害

容器破裂时，气体膨胀所释放的能量一方面使容器进一步开裂，并使容器或其所裂成的碎片以较高的速度向四周飞散，造成人身伤亡或撞坏周围的设备等。另一方面，对周围的空气产生作用力，形成冲击波，冲击波除能直接伤人外，还可以摧毁厂房等建筑物，产生更大的破坏作用。

如果容器的工作介质是有毒的气体，则随着容器的破裂，大量的毒气向周围扩散，产生大气污染，并可能造成大面积的中毒区。更严重的是若容器内盛装的是可燃液化气体，在容器破裂后，它立即蒸发并与周围的空气相混合形成可爆性混合气体，遇到容器碎片撞击设备产生的火花或高速气流所产生的静电作用，会立即产生爆炸，即通常所说的容器二次爆炸。它产生的高温燃气向周围扩散，并引起周围可燃物燃烧，会造成大面积的火灾区。

三、压力容器操作工安全职责

▲严格遵守各项规章制度，遵守劳动纪律，不擅离职守。

▲上班不做与岗位无关的事，精心操作，对违章指挥、违章作业应予以抵制。

▲搞好文明生产，穿戴好防护用品。严禁当班喝酒和酒后上岗。

▲认真做好容器设备的维护、保养工作，保持容器处于完好状态。

▲认真执行工艺操作规程和岗位操作规程。严密监视容器各参数的变化，保持最佳运行状态，并做好各项记录，内容须真实。

▲遇有事故时不得离开岗位，也不得办理交接班，应周密考虑迅速排除，并及时报告有关人员，不得隐瞒事故。

▲努力学习业务技术知识，不断提高操作技术水平和事故处理能力。

> 安全妙语"谨"上添花：
>
> 压力容器勤维护　　操作规程不能忘
> 如有事故不隐瞒　　作业人员要牢记
> 上班不做分外事　　全心工作保平安

四、压力容器操作人员教育培训制度

▲结合企业特点，落实压力容器操作人员教育培训管理部门的职责。

▲按照企业的特点，明确教育培训对象。

▲制定教育培训的长远目标规划，安排日常的技术培训教育计划并采取措施组织实施。

▲建立操作人员技术档案。

▲压力容器操作人员必须持证上岗，无证不得独立上岗。

▲定期或不定期地组织操作人员进行技术练兵、操作表演或竞赛，促进提高操作人员的技术素质、操作水平和排除故障、处理事故的能力。

▲认真推广、学习新技术、新操作法。

▲组织对操作人员进行压力容器维护保养专业知识的教育，积极推行群众性管理活动。

安全妙语"谨"上添花：

教育培训不放松　　立足岗位学习重
定期练兵齐演练　　运行畅通隐患消

五、压力容器维护保养制度

▲压力容器的维护与保养必须坚持"预防为主"和"日常维护与计划检修相结合"的原则，做到正确使用、精心维护与坚持日常保养，使压力容器投用后始终处于良好的运行状态，保证其长期安全、稳定运行。

▲压力容器投产前，必须按照压力容器的使用特点和介质特性认真做好维护保养管理的准备工作，检查防腐保护层和有关接管、接头的完好、牢固情况，编制维护保养规程。

▲准备必备的维护保养工具和简单器材。

▲在进行操作人员培训时，应让其了解所操作容器的结构特性，工艺原理，使用和维护保养、安全操作等方面的知识，掌握日常维护保养技能，培养爱护生产装置的良好职业道德，树立企业主人翁的思想。

▲开展"完好设备"及"无泄漏"等活动，提倡实行日常维修和日常保养的双保责任制，做到台台容器、个个阀门、只只仪表都有人负责。

▲保持压力容器整洁和设备周围环境的清洁卫生，及时清除跑、冒、滴、漏现象。

▲认真执行巡回检查，及时填写操作记录，严格执行交接班制度。

▲严格执行操作规程，操作人员不得擅自拆除或损坏压力容器的安全附件，严禁在运行状态下紧固受压连接件或敲打容器承受部件，做到文明操作。

▲操作人员在正常操作状态下发现异常情况，应立即查明原因，立即采取有效的处理措施并及时向上级反映。

▲对停用和封存备用的压力容器要做好维护保养工作，再次投用前应认真检查。

▲开展群众性的压力容器维护保养检查、评比和竞赛活动，提高完好率，保证压力容器有较高的使用效率。

安全妙语"谨"上添花：

预防为主勤维护　　完好无损双丰收
保养技能要熟记　　设备运行保生产

六、压力容器安全检查制度

▲压力容器的使用单位应根据使用容器的数量、安全状况确定安全检查形式、要求，及时了解、掌握压力容器的安全使用情况，发现和消除不安全因素，查处事故隐患，做到防患于未然。

▲安全检查应采取定期检查、不定期抽查和日常巡回检查相结合的原则，认真做好检查记录，按时督促检查问题的处理、落实，实行检查有意见、处理有结果。

▲安全检查的内容：查思想上是否树立了安全第一、安全为了生产的思想观念，有无安全生产责任心；查制度的执行情况，有无违章作业、违章指挥的现象；查纪律的严肃性，有无脱岗、离岗的行为；查隐患，是否每台容器能够安全运行，有无安全附件、装置失灵和设备带"病"运行的情况；查安全问题的整改落实情况，能否做到发现问题，立即查找原因，及时解决。

压力容器定期检查的重点：

规章制度执行情况；压力容器的完好状况，操作负荷情况；安全附件、装置的齐全、灵敏、可靠和定期校验情况；操作人员的持证上岗情况；容器定期检验和修理、改造执行情况；监控使用容器的监控措施落实情况；对查出问题或事故隐患的处理情况；其他需要临时增加的检查项目。

第四章 | 作业现场要安全　特种设备是关键

> **安全妙语"谨"上添花：**
>
> 　　压力容器定期查　　重点部位找隐患
> 　　严肃纪律勤整顿　　安全生产促运行

第二节　压力管道安全操作技术

一、了解压力管道

在国际上，管道运输是与铁路、公路、水运、航空并列的五大运输方式之一。压力管道是在一定温度和压力下，用于运输流体介质的特种设备，广泛用于石油化工、冶金、电力等行业生产及城市燃气和供热系统等领域。这些介质有些是具有爆炸危险性、毒性或对环境有破坏性的，一旦泄漏将会造成人员伤亡、财产损失、环境污染和巨大的经济损失，有时还会影响人民的生活。随着工业生产的发展及城市燃气和热力管网的普及，各类管道的数量不断增加，特别是运输可燃性、易爆性及对人体和环境有害性介质的压力管道的数量逐年递增，这也使发生事故的可能性增大。

我国从1996年开始正式对压力管道的设计、制造、安装、使用、检验、维修、改造等七个环节像锅炉压力容器一样实施安全监察。

为了便于对我国压力管道的管理，我们将压力管道按其用途划分为工业管道、公用管道和长输管道。

工业管道是指工业企业所属的用于运输工艺介质的工艺管道、公用工程管道和其他辅助管道。工业管道主要集中在石化炼油、冶金、化工、电力等行业。

公用管道是指城镇范围内用于公用事业或民用的燃气管道和热力管道。

长输管道是指产地、储存库、使用单位之间的用于运输商品介质的管道，主要是原油管道、天然气管道、油田集输管道和成品油管道。

安全妙语"谨"上添花：

压力管理莫小瞧　　　易燃易爆危险大
安全运行要求高　　　维护保养要记牢

二、操作人员岗位安全职责

▲操作人员必须经过安全监察机构进行安全技术和岗位操作方法学习培训，经考核合格后才能持证上岗。

▲操作人员必须熟悉本岗位压力管道的技术特性、系统结构、工艺流程、工艺指标、可能发生的事故和应采取的措施。做到"四懂三会"，即懂原理、懂性能、懂结构、懂用途；会使用、会维护、会排除故障。

操作人员必须严格按照操作规程进行操作，严禁超压、超温运行。

第四章 | 作业现场要安全 特种设备是关键

> 安全妙语"谨"上添花：
>
> 上岗之前要培训　　四懂三会记心中
> 取得资质才上岗　　操作规程要遵循

三、压力管道安全操作规程

压力管道的使用单位应根据压力管道的生产工艺和技术性能，分别制定压力管道的安全操作规程，安全操作规程至少应包括：

（1）操作工艺控制指标，包括最高工作压力、最高或最低操作温度。

91

（2）压力及温度波动控制范围，介质成分，尤其是腐蚀性或爆炸极限等介质成分的控制值。

（3）岗位操作法，开、停车的操作程序和有关注意事项。

（4）运行中重点检查的部位和项目。

（5）运行中可能出现的异常现象的判断和处理办法、报告程序和防范措施。

（6）停用时的封存和保养方法。

安全妙语"谨"上添花：

控制指标要牢记　　　重点检查勤记录
各种数值须分清　　　及时报告和防范

四、压力管道的日常维护保养

▲压力管道的操作人员必须认真做好压力管道的日常维护保养工作。

▲经常检查压力管道的防护措施，保证其完好无损，减少管道表面腐蚀。阀门的操作机构要经常除锈上油，定期进行操作，保证其操纵灵活。安全阀和压力表要经常擦拭，确保其灵敏准确，并按时进行校验。

▲定期检查紧固螺栓的完好状况，做到齐全、不锈蚀，丝扣完整、连结可靠。注意管道的振动情况，发现异常振动应采取隔断振源、加强支撑等减振措施，发现磨损应及时采取措施。静电跨接、接地装置要保持良好完整，发现损坏及时修复。

▲停用的压力管道应排除内部介质,并进行置换、清洗和干燥,必要时作惰性气体保护。外表面应进行油漆防护,有保温的管道注意保温材料完好。检查管道和支架接触处等容易发生腐蚀和磨损的部位,发现问题及时采取措施。

▲及时消除管道系统存在的跑、冒、滴、漏现象。对高温管道,在开工升温过程中需对管道法兰连结螺栓进行热紧。对低温管道,在降温过程中进行冷紧。禁止将管道及支架作为电焊零线和其他工具的锚点、撬抬重物的支撑点。

▲配合压力管道检验人员对管道进行定期检验。对生产流程的重要部位的压力管道,穿越公路、桥梁、铁路、河流、居民点的压力管道,输送易然、易爆、有毒和腐蚀性介质的压力管道,工作条件苛刻的管道,存在交变载荷的管道应重点进行维护和检查。

第三节　电梯安全操作常识

一、了解电梯

习惯上将电梯作为建筑物内垂直交通运输工具的总称。依据特种设备安全监察条例,广义的电梯,是指动力驱动、利用沿刚性导轨运行的箱体或者沿固定线路运行的梯级(踏步),进行升降或者平行运送人、货物的机电设备,包括载人(货)电梯、自动扶梯、自动人行道以及杂物电梯和液压电梯等。

二、电梯的分类

根据建筑的高度、用途及客流量（或物流量）的不同，须设置不同类型的电梯。

1. 按用途分类

乘客电梯、载货电梯、医用电梯、杂物电梯、观光电梯、车辆电梯、建筑施工电梯、冷库电梯、防爆电梯、矿井电梯、电站电梯、消防员用电梯等。

2. 按驱动方式分类

交流电梯（根据拖动方式又可分为交流单速、交流双速、交流调压调速、交流变压变频调速等）、直流电梯、液压电梯、齿轮齿条电梯、螺杆式电梯、直线电机驱动的电梯等。

3. 按速度分类

电梯无严格的速度分类，一般分为低速梯、中速梯、高速梯、超高速梯。

4．按操纵控制方式分类

手柄开关操纵电梯、按钮控制电梯、信号控制电梯、集选控制电梯、并联控制电梯、群控电梯。

> **安全妙语"谨"上添花：**
>
> 垂直运输靠电梯　　载客载货各所需
> 分类明确记详细　　合理使用保安全

三、电梯作业人员守则

▲严格遵守国家有关特种设备的安全规定，服从政府部门的管理。

▲电梯作业人员必须经地、市质量技术监督安全监察部门培训考核合格后，方可上岗。

▲电梯作业人员必须严格遵守《电梯驾驶人员安全操作规程》和《电梯日常检查和维护安全操作规程》，不违章作业、违章指挥，不违反劳动纪律。

▲熟悉自己操作电梯的性能、原理、构造、用途。

▲认真学习业务知识，掌握新技术、新规程，不断提高自身的技术水平。

▲及时报告电梯事故隐患，不使用故障电梯，不使用无安全合格标志或安全标志已过有效期的电梯，不使用未注册登记的

电梯。

▲不擅自离岗，做到文明服务。

▲正确处理电梯运行中突然出现的停车、失控、冲顶、蹾底等情况。

安全妙语"谨"上添花：

特种设备有规章　　持证上岗不能忘
操作规程记心中　　工作期间不脱岗

四、电梯日常检查与维护保养人员要求

▲熟悉国家有关电梯的政策、法规，认真按照电梯日常检查表的要求逐项检查，不漏检、误检。

▲熟悉电梯的基本原理、性能，根据电梯使用维护说明的要求实施日常性的维护。

▲根据国家规定参加安全技术培训，做到持证上岗。

▲严格遵守《电梯日常检查和维护安全操作规程》。

▲对发现的电梯事故隐患及时报修、及时处理。

▲发生电梯事故应立即向上级部门或有关管理人员报告。

▲认真做好电梯日常检查和维护保养记录，认真填写报修单。

▲正确使用劳动保护用品。

▲参与电梯一般事故的调查分析。

安全妙语"谨"上添花：

熟悉法规勤检修　　操作规程要遵守
电梯隐患速排查　　认真记录保安全

五、电梯驾驶人员安全操作规程

▲电梯驾驶人员必须是身体健康、无妨碍本工种工作疾病的人员。

▲电梯驾驶人员必须经地、市质量技术监督安全监察部门的安全技术培训合格后方可上岗。

▲电梯驾驶人员必须熟悉所操作电梯的性能、功能，认真阅读本台电梯的使用维护说明书。

▲电梯驾驶人员必须操作有安全合格标志的电梯。

▲开启层门进入轿厢之前，需要注意轿厢是否停在该层。

▲轿厢内必须有足够的照明，在使用前必须先将照明灯打开。

▲每天开始工作前，将电梯上、下空载运行数次，无异常现象后方可使用。

▲层门关闭后，从层门外不能用手拨启，当层门、轿门未关闭时电梯不能正常启动。

▲平层精确度应无明显变化。

▲经常清洁轿厢内、层门及乘客可见部分。

六、电梯日常检查和维护安全操作规程

▲电梯日常检查和维护人员必须是身体健康，无妨碍本工种工作疾病的人员担任。

▲电梯日常检查和维护人员必须经地、市级质量技术监督安全监察部门的安全技术培训合格后方可上岗。

▲电梯日常检查维护人员作业时必须穿戴好相应的劳动防护用品。

▲电梯在开始进行检查和维护时，应在电梯每层厅门口设置好醒目的安全警告标志和防护栏。

▲负责电梯三角钥匙的保管和使用，不能将三角钥匙转交他人。使用三角钥匙开启层门时应看清轿厢是否停靠在本层站。

安全妙语"谨"上添花：

日常维护与保养　　挂好醒目工作牌
精密设备很需要　　快速维护技艺高

第四节　起重机械安全操作常识

一、了解起重机械

起重机械是指用来垂直升降或垂直升降并水平移动重物的机

电设备，其范围规定为额定起重量大于或者等于 0.5 t 的升降机；额定起重量大于或者等于 1 t，且提升高度大于或者等于 2 m 的起重机和承重形式的电动葫芦等。

起重机械工作程序：

取物装置吊挂（或抓取）货物，提升后进行一个或数个动作的运移，将货物放到卸载地点后卸载，然后返程做下一次动作准备。这一个工作过程称作一个工作循环，完成这个工作循环后，再进行下次的工作循环。

二、起重机械的工作特点

▲起重机械通常具有庞大的结构和比较复杂的机构，能完成一个起升运动、一个或几个水平运动。

▲所吊运的重物多种多样，载荷是变化的。

▲需要在较大的范围内运行，有的要装设轨道和车轮（如塔吊、桥吊等），有的要装设轮胎或履带在地面上行走（如汽车吊、履带吊等），还有的需要在钢丝绳上行走。一旦发生事故，影响的面积也较大。

▲有些起重机械，需要直接载运人员在导轨、平台或钢丝绳上做升降运动，其可靠性直接影响人身安全。

▲暴露的、活动的零部件较多，且常与吊运作业人员直接接触（如吊钩、钢丝绳等），潜在许多偶发的危险因素。

▲作业环境复杂。作业场所常常会遇有高温、高压、易燃易爆、输电线路、强磁等危险因素，对设备和作业人员形成威胁。

▲作业中常常需要多人配合，共同进行一个操作，要求指挥、

捆扎、驾驶等作业人员配合熟练、动作协调、互相照应，作业人员应有处理现场紧急情况的能力。多个作业人员之间的密切配合，存在较大的难度。

安全妙语"谨"上添花：

起重机械作用大　　作业环境较复杂
运行条件有规定　　潜在危险须注意

三、起重机驾驶员岗位责任制

▲起重机驾驶员应经过一定时间的训练，了解所驾驶起重机的结构、性能，经考试合格后，才能独立操作。

▲必须严格执行各项规章制度。

▲严守工作岗位，不无故擅自离开起重机。

▲密切注意起重机的运行情况，如发现设备、机件有异常现象或故障，应设法及时排除后继续使用，严禁带"病"运行。

▲起重机进行机修或大修时，驾驶员除了完成本职工作外，还应配合修理工一起工作，并参加验收工作。

▲做好起重机清洁保养工作。

四、起重机交接班制度

交接班制度非常重要。根据实事求是的原则填写当日工作情况、设备运行情况以及设备检查情况，确保接班驾驶员的安全生产。

起重机工作完毕，交班驾驶员的收尾工作：

将空钩起升到接近上限位置，停在规定地点，小车停在操纵室一边，各控制器拨到零位，断开闸刀开关。

交班前应有 15～20 min 的清扫和检查时间，检查设备的机械和电器部分是否完好，同时做好打扫清洁工作。

详细填写当班日报（工作情况、设备运行情况及设备存在的问题或需要立即排除的故障等）。

接班驾驶员的准备工作：

认真听取上一班司机口述的工作情况和查阅交班日报记录。

检查起重机操纵系统是否灵活、可靠和制动器的制动性能是否良好。

固定钢丝绳是否牢靠，卷筒钢丝绳排列是否正确。

使用前进行空载运行检查，特别是限位开关、紧急开关、行程开关等是否安全可靠，如有问题必须修复后方可操纵使用。

上述检查中，双方认为正常无误后，交接班人员共同在工作日报上签字，交班人员才能离开岗位。

认真进行交换班，可以及时发现问题，防患于未然，更好地为生产服务。

安全妙语"谨"上添花：

交班工作要记录　　作业完毕断开关
接班准备要充分　　经常维护运行畅

五、起重机安全技术规程

▲每台起重设备,必须经特种设备安全管理部门考核合格、持有司机操作证的专职司机操作。

▲起重机的侧面或其他明显的部位,必须挂有从地面看得清楚的起重量标牌。

▲起重机禁止超负荷使用。

▲必须处在垂直位置时起升重物,禁止斜拉斜吊。

▲禁止起吊埋在地下或冻结在他物上的重物。禁止用吊具(吊钩、抓斗等)拖拉车辆。

▲禁止吊具(抓斗、起重电磁铁)与人力在同一车箱或船仓内装卸物料。

▲起重机工作时,禁止任何无关人员停留在起重机上、小车上和起重机轨道上。

▲吊运的重物应在安全通道上运行。在没有障碍的线路上运行时,吊具或重物的底面必须起升到离开工作面 2 m 以上。

▲在运行线路上需要越过障碍物时,吊具或重物的底面应起升到比障碍物高 0.5 m 以上。

▲禁止吊运重物从人头上越过,禁止任何人在重物下面工作。

▲禁止利用起重机吊具运送或起升人员。

▲禁止在起重机上存放易燃(如煤油、汽油等)易爆物品。

▲吊具处在下极限位置起升重物时,卷筒上除固定用的钢丝绳外,还应有两圈以上的安全圈。

第四章 | 作业现场要安全 特种设备是关键

▲起升液态金属、有害液体或重要物品时，不论重量多少，均必须先起升 200 ～ 300 mm，验证制动器工作可靠时再正式起升。

▲起重机上的制动器如果失灵或没有调好，禁止工作。

▲禁止开车碰撞或推动不明情况的邻车。

▲在正常情况下，不应该依靠各限位开关作为停车之用。

▲禁止从起重机上往地面扔任何物品。

▲工具及备品等必须存放在专用箱中，禁止散放在大车或小车上。拆换的旧零件要及时送到地面。

▲桥架高小于 20 m 的门式起重机和装卸桥，其露天工作风力应不大于 6 级。

▲露天工作的起重机，不工作时必须用夹轨器或其他固定方法将起重机可靠地固定住，以防由风力引发事故。

▲到起重机上进行检查或修理时，起重机必须断电，并在电

源开关处挂上"不准送电"的牌子。多机共用同一电源时，应挂在该起重机的保护配电箱的电源开关上，并应在被修理的起重机两侧设上阻挡器、标志牌和信号灯，必要时设专人守卫和指挥，以防邻机碰撞。

▲必须带电修理时，应戴上橡胶手套和穿上绝缘鞋，并必须使用绝缘手柄的工具。

▲修理用的照明灯电压应在 36 V 以下。

▲有可能导电的电器设备的金属外壳必须接地。

▲起重机的操纵室中和走台上应备有灭火器。应设有安全绳，以备特殊情况时上、下车。

▲每年至少有一次对起重机进行全面的安全技术检查工作。

> 安全妙语"谨"上添花：
>
> 起吊运行有通道　　检修维护要断电
> 严禁吊物经头顶　　定时按期勤检查

第五节　场（厂）内专用机动车辆安全操作常识

一、厂（场）内车辆的安全规章制度

▲岗位责任制。明确使用单位负责人、专职管理人员、操作人员、维修工的各自职责。

▲出车工作制度。明确出车工作时间，出车工作内容，出车工作人员。

▲定期检查、检修制度。

▲安全操作规程。

▲维护保养制度。

▲制定厂（场）内车辆事故应急预案，并能有效运转。

▲事故报告制度。

▲厂（场）内车辆安全工作记录。每个工作日结束由专职管理人员检查后签字。

保证记录完整。记录包括定期检验、定期自行检验、日常使用状况、日常维护保养、运行故障和事故等记录。

二、机动车辆安全与交通

1. 企业内机动车辆的安全驾驶

企业内机动车辆，是指专用于企业内部物资、材料运送的机动车辆，不同于公路上使用的车辆。在一些企业中，由于内部交通运输安全管理工作不规范，运输作业环境不良（如生产用的原料、材料、半成品以及边角废料等物放置不当），加之车辆技术装备不完善，驾驶人员素质低，导致企业内车辆伤害事故时有发生。

2. 企业内机动车辆常见事故类型

（1）车辆伤害。包括撞车、翻车、挤压和轧辗等。

105

（2）物体打击。搬运、装卸和堆垛时物体的打击。

（3）高处坠落。人员或人员连同物品从车上掉下来。

（4）火灾、爆炸。由于人为的原因发生火灾并引起油箱等可燃物急剧燃烧、爆炸，或装载易燃易爆物品，因运输不当发生火灾爆炸。

3．企业内机动车辆事故的基本原因

（1）无证驾车。企业内机动车辆驾驶员属于特种作业人员，需经过专业技术培训，考核合格，取证后方可独立驾驶。而非机动车辆驾驶人员不具备驾驶能力，也不掌握车辆机械性能，更不懂安全操作，不能驾驶车辆。

（2）人货混载。车辆在急转向或制动时，由于惯性和离心力的作用，可能使车上的人和货物相互碰撞、挤压，或把人和货物甩出车外，造成人身伤害事故。

（3）不按规定装载。由于运输任务重，运距短，所以企业内车辆超载（超重、超高、超宽、超长）现象特别严重。由于超重使车辆轮胎负荷过大，变形严重，容易发生爆胎事故，也使车辆的制动性能降低，增加了事故发生的可能性。

（4）超速行驶。企业内机动车辆事故有 50％ 以上

与高速行驶有关。企业里人员活动较为集中，出入车间大门频繁，厂内道路一般较窄，转弯半径较小，车速过快会导致事故发生，因此，厂内行车有限速规定。

（5）车况不良。企业内车辆较多，使用频繁，当车辆易损件存在缺陷时，因生产任务等因素维修不及时，埋下事故隐患。

4．企业内机动车辆安全驾驶要点

（1）行车时，应关好车门、车厢，不准驾驶安全设备不全、机件失灵或违章装载的车辆。

（2）在厂内、车间、库房及露天施工工地行驶时，应按规定线路行驶。要密切注意周围环境和人员动向，低速慢行，随时做好停车准备。

（3）严禁超重、超长、超宽、超高装运物品。装载物品要捆绑稳固牢靠，不准人货混载。

（4）停车要选择适当地点，不准乱停乱放。停车后应将钥匙取下。不准将车交给无证人员驾驶。

（5）严格遵守各种安全标志的规定，试车时应做好安全监护，悬挂试车牌照，不得在非指定路段试车。

5．特殊情况下的安全驾驶

在特殊道路上的安全驾驶：

● 通过桥梁

注意限载、限速规定，与前车保持安全车距，匀速通过。避免在桥上换挡、制动和停车。过窄桥时要礼让，不抢行。

过拱形桥时，因为看不清对方车辆和道路情况，所以要减速、鸣号、靠右行，随时注意对面车。行至桥顶要有制动准备，不要高速冲过拱桥，以免发生碰撞。

过结构简单、承受力小、桥面窄的桥时，如便桥、吊桥、浮桥前，驾驶员应下车查看，确定安全后，才能缓行通过。乘客最好下车步行过桥。如路面狭窄，应有人指挥。不要桥上加速、换挡、停车。

● 通过隧道

打开前后灯光，禁鸣喇叭，不准超车。

不准超过限速标志所规定的速度。

下坡不得挂空挡熄火滑行。

不准在隧道内任意停车和上、下乘客。

● 通过铁路交叉口

提前减速，时刻注意两边有无火车驶来。

在有人看管的道口应听从管理人员指挥，低速通过。

在通过无人看管的道口，要做到"一慢、二看、三通过"，禁止与火车抢行，确保安全。

要一气通过路口，不要在火车行驶区域内换挡、制动、停车或熄火滑行。一旦在火车行驶区域内汽车发生故障时，必须想办法使车辆离开，不得停留。

注意防止轨道等凸出物扎伤轮胎。

6．在特殊气候条件下的安全驾驶

（1）雨天行车：

● 刮水器工作正常。

● 路面湿滑，控制车速。起步缓慢、行驶平稳，注意与车辆、行人保持足够间距。不要急转弯,避免紧急制动。

- 路旁有积水时,耐心慢行,注意抢占机动车道的行人或骑车人。

- 如雨较大,视线很差,最好靠边暂停。不要停放在路口或弯道,并打开示宽灯和尾灯。

(2)雾天行车:

- 打开防雾灯、尾灯和近光灯。

- 减速慢行。能见度在 30 m 以内的路段时,机动车最高时速不得超过 20 km/h。

- 尽量避免超车。

- 勤按喇叭。如果雾大,可先停靠在路边,打开雾灯、近光灯和示宽灯,不要坐在车上。如果是停在高速公路的紧急停车带,人最好能翻过护栏,到路基外面等候,避免被其他车辆撞上。

(3)雪天行车:

- 保持匀速行驶。不要猛踏油门加速,防止打滑。

● 转弯时，只要不妨碍对面车辆，转弯半径可以增大，不要急转弯造成侧滑。

● 在冰雪路面上行驶不要空挡滑行。

● 由于制动距离增加，使得制动非安全区加大，应保持与前车足够的安全距离。

● 在结冰路面上行驶，一般应装上防滑链。

● 冰雪路面上会车不要太靠路边，并要保持必须的横向距离。

（4）夜间行车：

● 夜间路灯照明良好时，须打开防眩目近光灯、示宽灯和尾灯。

● 夜间没有路灯或路灯照明不良时，须将近光灯改用远光灯，但同向行驶的后车不准使用远光灯。

● 比白天更加注意限速。

● 不要直视对面的车灯。

● 注意道路中线和右侧的行人。

● 不在无路灯的路上停车。

● 保持足够的车距。

7. 行人交通一般的通行规定

（1）行人应当在人行道内行走，没有人行道的靠路边行走。

（2）行人通过路口或者横过道路时，应当走人行横道或者过街天桥、地下通道。

（3）行人通过有交通信号灯的人行横道时，应当按照交通信号灯指示通行。绿灯亮时，行人可以通过人行横道，绿灯闪烁和红灯亮时，行人应该在人行道上等候，待绿灯亮再进入人行道。但已经进入人行横道的，在确保安全的情况下可以继续通行。

（4）行人通过没有交通信号灯、人行横道的路口，或者在没有过街设施的路段横过道路时，要注意观察，目测左右来车的速度和距离，确认安全后再通过。

（5）行人不得跨越、倚坐道路隔离设施，不得扒车、强行拦车或者实施妨碍道路交通安全的其他行为，例如向行驶中的车辆扔东西，在道路上嬉戏、打闹、聚众喧哗、占用道路、毁坏道路等。

（6）行人不得进入高速公路或其他封闭、隔离式的机动车专用道路。

8．机动车与行人通行的优先关系

（1）机动车行经人行横道时，应当减速行驶；遇行人正在通过人行横道，应当停车让行。

（2）机动车通过交叉路口，应当减速慢行，并按交通信号灯、交通标志、交通标线或者交通警察指挥的指示行驶，并让行人或优先通行的车辆先行。

（3）警车、消防车、救护车、工程救险车执行紧急任务时，在确保安全的前提下，不受行驶路线、行驶方向、行驶速度和信号灯的限制，其他车辆和行人应当让行。

安全妙语"谨"上添花：

安全驾驶守规章　　一慢二看三通过
人行横道要礼让　　看清信号不慌乱

三、内燃式叉车的安全操作规程

▲驾驶叉车必须经过专业培训，并经有关部门培训考试合格，颁发《特种作业人员操作证》，方准单独操作，严禁无证操作。学习驾驶员除持有学习证外，必须有正式驾驶员带教，时间不少于6个月。

▲严禁酒后驾驶，行驶中不准吸烟、饮食和闲谈。

▲车辆启动前，应检查刹车、转向机、喇叭、照明、液压系统等装置是否灵敏可靠，严禁带"病"出车。

▲起步时要查看周围情况，确定无人员和障碍物后，再鸣号起步。行驶时遇不良条件，应减速慢行。

▲叉车严禁超载或超长、超宽、超高装载。滚动物品必须绑扎牢固。当装载物料重心超出设计载荷中心距时，叉车的额定重量应该按说明书的规定相应减少。

▲叉车严禁载人。

▲在叉车运行中严禁将脚搁在离合器踏板上，以免使离合器机构损坏。除叉车作业时需低速微微前进或后退外，离合器一律不允许在半分离状态的相对运动中使用。

▲叉车运行时，应提起货叉 300 mm 并不得随便提升、降低货叉。铲工件时，铲件升起高度不得超过全车高度的 2/3。负载运行时铲件离地高度不得大于 500 mm。

▲如搬运的货物庞大，无法降低高度，影响司机视线时，司机应开倒车，车速要缓慢，必要时要有人指挥。

▲叉车转弯，进入车间、库房或狭窄地段时，应减速鸣号。

▲停车时，应将货叉平放在地面上。货叉升高后不准人员在下面停留或穿越。

▲严禁在叉车启动的情况下进行维修或装拆零部件。修理时应严格遵守有关机动车辆修理的安全规定。

▲严禁用明火作照明检查油箱的油量，在叉车周围应严格限制使用各种火源。

▲叉车停车库应备有消防器材。叉车司机应会使用常用的灭火器材。

▲叉车不得停放在纵坡大于 5% 的路段上。

▲叉车停放时应拉紧手刹车，切断电路取下电门钥匙，货叉应放到地面上。冬季要做好防冻保暖工作。

▲叉车不得在坡道上转弯，也不应横跨坡道运行。

▲叉车驶入电梯前，必须确认该电梯能承载叉车、载荷和驾驶员的全部重量。驶入电梯后必须将车辆控制装置放在中间位置，关闭原动机，拉紧手制动器。

▲车辆靠近坡道边缘、高站台或平台边缘时，必须保持以车

辆一个轮胎的宽度为离开站台或平台的最小距离。

▲不准拆除作为安全保护装置的护顶架。

四、电瓶叉车的安全操作规程

▲驾驶时，首先把钥匙插入电锁中，并扭转之，然后按喇叭按钮，发出开车信号。

▲行驶。先检查控制器的换向手柄位置是否在需要的行驶方向的位置上。手柄向前推动为前进方向，向后推动为倒车方向。检查脚踏刹车是否已经松开，然后逐挡踏下速度控制器，叉车会逐步加快行驶速度。当踏到第三挡时，可正常工作，其他各挡的踏下时间，不宜过长。

▲转向。叉车前进行驶时，如需向右转弯，可按顺时针方向转动方向盘，反之则按逆时针方向转动方向盘。

▲制动和停止。欲使电池叉车在行驶中停止，踏下脚刹车的踏板，如需久停而驾驶者需要离开叉车时，必须将手刹车拉到刹紧的位置。

▲升降和倾斜。起升货物时，把换向阀上操纵手柄向上拉，直到货物升至所需高度，将手柄退至原位。降下货物时，将手柄压下。

欲使门架向前倾斜时，可将换向阀上倾斜操纵手柄向前压下，直到所需的倾斜角度为止。如欲向后倾斜时，把手柄向后拉即可。

▲变速脚踏板和换向手柄（即方向开关）均设为"零"位机构连锁，当其中有一个不在"零"位时，都不能启动，以防误

操作。

▲在倾斜坡面停车时,应拉紧手制动刹住车辆。

▲叉车在行驶时,不准变换前进或后退方向,必须断电停车后,才可变换前进和后退方向开关。

▲油泵电机在工作装置未作业时是不运转的,如发现电锁一开电动机即运转时,应立即关掉电锁,检查故障,待故障排除后方可使用。

▲制动片与鼓不能黏有油垢,磨损后间隙大于规定数值时,应调整间隙至规定范围。制动液必须用标准牌号,不能含有杂质,加油时,过滤必须清洁,以保证油路不致堵塞。

▲经常检查货叉、链片有否裂纹或其他不正常情况,发现异常应及时检修更换。

▲工作油箱油面应保持在油箱容积的 95% 左右,油泵工作时若有过热现象,应停车检查或修理。液压系统运动时间不宜过长,一般以每次不大于 30 s 为宜。

▲一般情况下不能将运行电机和油泵电机同时工作，否则，将因放电电流过大，致使蓄电池效率降低，影响使用寿命。

▲叉车在停止行驶时，必须将熔断器或闸刀断开。

▲叉车不准进入易燃易爆危险性仓库进行作业。

第五章

勤查事故危险点 作业现场保平安

第一节 造成安全生产事故的主要原因

一、安全生产意识淡薄是造成事故的最大隐患

许多职工入厂后虽经短时间的安全教育,但由于缺乏工作实践,对安全生产的认识较差,认为最重要的是学技术,掌握生产技术才是硬本领,而对学习安全知识、掌握安全生产技术则很不重视。更有些人抱着侥幸心理,认为伤亡事故离自己十分遥远,不会落到自己头上。但是血的教训告诉我们,安全生产意识淡薄是最大的隐患。

二、安全培训很重要

有的生产经营单位招聘了职工后,不进行厂、车间、班组三

级安全教育，职工未经安全生产、劳动保护培训就上岗，缺乏最基本的安全生产常识，冒险蛮干，违章作业，一旦发生事故，则惊慌失措，往往因此酿成悲剧。

三、违反安全生产规章制度导致事故

安全生产规章制度是企业规章制度的一部分，是建立现代企业制度的重要内容，企业全体员工上至厂长经理，下至每一名工人都必须遵守。尤其是新工人更应该注意，来到一个陌生的环境，往往在好奇心的驱使下忘记了企业的安全生产规章制度，对什么东西都想动一动、摸一摸，因此，会造成工作事故，使自己受到伤害，或者伤害他人或被他人伤害。

因不落实安全规章制度而造成的劳动环境存在以下不安全状态：

（1）防护、保险、信号等装置缺乏或有缺陷。

（2）设备、设施、工具、附件有缺陷。结构不合安全要求，通道门遮挡视线，制动装置有缺陷，安全间距不够，拦车网有缺陷，工件有锋利毛刺、毛边，设施上有锋利倒棱。

（3）强度不够。机械强度和绝缘强度不够，起吊重物的绳索不合安全要求。

（4）设备在非正常状态下运行。带"病"或超负荷运转。

（5）维修、调整不当。设备失修，地面不平，保养不当，设备失灵。

（6）个人防护用品用具缺少或有缺陷。

（7）生产（施工）场地环境不良。

1）照明光线不良，照度不足，作业场地烟尘弥漫，视物不清，或光线过强。

2）通风不良，风流短路，停电停风时放炮作业，瓦斯排放未达到安全浓度时放炮作业，瓦斯浓度超限。

3）作业场所狭窄、作业场地杂乱，工具、制品、材料堆放不安全；采伐时，未开"安全道"。

（8）交通线路的配置不安全，操作工序设计或配置不安全，地面滑，地面有油或其他液体，冰雪覆盖，地面有其他易滑物。

安全妙语"谨"上添花：

事故发生有原因　　违反规章酿惨祸
多重因素来影响　　违规行为要戒除
未经培训莫上岗　　工作有序才安全

四、违反劳动纪律后果严重

一个不以严格的纪律要求员工队伍的企业，是一个缺乏市场竞争力的企业。血的教训一再告诉我们，一名不遵守劳动纪律的职工，往往就是一起重大事故的责任者。违反劳动纪律的主要表现如下：

（1）上班前饮酒，甚至上班的时候饮酒。

（2）上班无故迟到，下班早退。

（3）工作时间开玩笑，嬉戏打闹。

（4）不按规定穿戴工作服和个人防护用品。

（5）在禁烟区内随意吸烟，乱扔烟头。

（6）不坚守岗位，随意串岗聊天。

（7）工作时不全神贯注，无精打采，思想开小差。

（8）上夜班时偷偷睡觉。

（9）不服从上级正确调度指挥，自作主张随意更改规章。

（10）无视纪律，自由散漫，上班时间吊儿郎当。

五、违反安全操作规程十分危险

安全操作规程是人们在长期的生产劳动实践中，以血的代价换来的科学经验总结，是工人在生产操作中必须严格遵守的。员工在生产劳动中如果不遵守安全操作规程，后果将十分危险，轻则受伤，重则丧命，对此，每个员工都万万不可掉以轻心。

违反安全操作规程的主要表现：

（1）操作错误、忽视安全、忽视警告。未经许可或未给信号就开动、关停、移动机器，开关未锁紧，造成意外转动、通电或漏电等，忘记关闭设备，忽视警告标记，奔跑作业，供料或送料速度过快，手伸进机件中，工件紧固不牢，用压缩空气吹铁屑等。

（2）错误调整安全装置，造成安全装置失效。

（3）用不牢固的设施，使用无安全装置的设备。

（4）代替手动工具用手清除切屑，不用夹具固定，用手拿工件进行机加工，物体（指成品、半成品、材料、工具、切属和生产用品等）存放不当。

（5）进入危险场所。冒险进入涵洞、接近漏料处，无安全设施采伐、集材、运材，装车时未经安全监察人员允许就进入油罐或井中，未"敲帮问顶"就开始矿井作业，在易燃易爆场合动用明火，私自搭乘矿车，在绞车道行走未及时观望。

（6）攀、坐不安全位置的平台护栏、汽车挡板、吊车吊钩，人在起吊物下作业、停留，机器运转时加油、修理、调整、焊接、清扫等有分散注意力的行为。

（7）在必须使用个人防护用品、用具的作业或场合中忽视其作用。不戴护目镜或面罩，不戴防护手套，不穿安全鞋，不戴安全帽，不戴呼吸护具，不佩戴安全带。

（8）不安全装束。在有旋转零件的设备旁作业时穿过于肥大的服装，操纵带有旋转部件的设备时戴手套。

安全妙语"谨"上添花：

劳动纪律不忽视　　操作规程莫违背
违规操作要根除　　劳动防护很重要

第二节　作业现场工作忙
　　　　事故大家一起防

一、事故预防的原则

把事故消除在发生之前的基本原则：

（1）"事故可以预防"原则。

（2）"防患于未然"原则。

（3）"对于事故的可能原因必须予以根除"原则。

（4）"全面治理"原则。

二、事故预防模式

事故预防分为事后型模式和预期型模式两种。

（1）事后型模式。这是一种被动的对策，即在事故或灾难发生后进行整改，以避免同类事故再发生的一种对策。

这种模式遵循如下技术步骤：

1）事故或灾难发生。

2）调查原因。

3）分析主要原因。

4）提出整改对策。

5）实施对策。

6）进行评价。

7）新的对策。

（2）预期型模式。这是一种主动、积极地预防事故或灾难发生的对策，是现代安全管理和减灾对策的重要方法和模式。

其基本的技术步骤是：

1）提出安全或减灾目标。

2）分析存在的问题。

3）找出主要问题。

4）制订实施方案。

5）落实方案。

6）评价。

7）新的目标。

安全妙语"谨"上添花：

事故预防有原则　　预防模式心中记
条条款款记清楚　　有了事故不慌张

三、事故的一般规律

事故的发生是完全具有客观规律性的。通过人们长期的研究和分析，安全专业人员已总结出了很多事故理论，如事故致因理论、事故模型、事故统计学规律等。事故的最基本特性就是因果性、随机性、潜伏性和可预防性。

1．因果性

事故的因果性是指事故由相互联系的多种因素共同作用的结果，引起事故的原因是多方面的，在伤亡事故调查分析过程中，应弄清楚事故发生的因果关系，找到事故发生的主要原因，才能对症下药。

2．随机性

事故的随机性是指事故发生的时间、地点、事故后果的严重性是偶然的。这说明事故的预防具有一定的难度。但是，事故这种随机性在一定范畴内也遵循统计规律。从事故的统计资料中可以找到事故发生的规律性。因而，事故统计分析对制定正确的预防措施有重大的意义。

3．潜伏性

表面上事故是一种突发事件，但是，事故发生之前有一段潜伏期。在事故发生前，人、机、环境系统所处的这种状态是不稳定的，也就是说系统存在着事故隐患，具有危险性。如果这时有一触发因素出现，就会导致事故的发生。在工业生产活动中，企业较长时间内未发生事故，如麻痹大意，就是忽视了事故的潜伏性，这是工业生产中的思想隐患，应予以克服。

4．可预防性

现代工业生产系统是人造系统，这实际上给预防事故提供了基本的前提。所以说，任何事故从理论和客观上讲，都是可预防的。认识这一特性，对坚定信念，防止事故发生有促进作用。因此，人类应该通过各种合理的对策和努力，从根本上消除事故发生的隐患，把工业事故的发生降低到最小限度。

四、一般的事故预防措施

从宏观的角度，对于意外事故的预防原理称为"三 E 对策"，即事故的预防具有三大预防技术和方法。

（1）工程技术对策，即采用安全可靠性高的生产工艺，采用安全技术、安全设施、安全检测等安全工程技术方法，提高生产过程的本质安全化。

（2）安全教育对策，即采用各种有效的安全教育措施，提高员工的安全素质。

（3）安全管理对策，即采用各种管理对策，协调人、机、环境的关系，提高生产系统的整体安全性。

五、处理事故的"四不放过原则"

即发生事故后，要做到事故原因没查清不放过，当事人未受到教育不放过，整改措施未落实不放过，事故责任者未追究不放过。

安全妙语"谨"上添花：

事故发生有规律　　预防措施勤学习
纠正日常言与行　　四不放过保安全

第三节　事故发生不要慌　应急救援紧跟上

一、安全生产法律法规

近年来，我国政府相继颁布的一系列法律法规。

- ▲《安全生产法》。
- ▲《危险化学品安全管理条例》。
- ▲《关于特大安全事故行政责任追究的规定》。
- ▲《特种设备安全监察条例》。
- ▲《职业病防治法》。
- ▲《消防法》。
- ▲《国家突发事件总体应急预案》。
- ▲《突发事件应对法》。
- ▲《生产安全事故应急预案管理办法》。
- ▲《国务院关于进一步加强企业安全生产工作的通知》。

二、《国家突发事件总体应急预案》

《国家突发事件总体应急预案》(以下简称《预案》)明确了各类突发公共事件分级分类和预案框架体系,规定了国务院应对特别重大突发公共事件的组织体系、工作机制等内容,是指导预防和处置各类突发公共事件的规范性文件。

《预案》将突发事件分为4类:自然灾害、事故灾难、公共卫生事件、社会安全事件。

公共突发事件分为四级(按照各类公共突发事件的性质、严重程度、可控性和影响范围等因素分类):

Ⅰ级(特别重大)、Ⅱ级(重大)、Ⅲ级(较大)和Ⅳ级(一般)。Ⅰ级或者Ⅱ级突发公共事件发生后,有关部门必须要在4 h内向国务院报告。

三、员工必须掌握的事故应急救援架构

尽管重大事故的发生具有突发性和偶然性,但重大事故的应急管理不只限于事故发生后的应急救援行动。应急管理是对重大事故的全过程管理,贯穿于事故发生前、中、后的各个过程,充分体现了"预防为主,常备不懈"的应急思想,是一个动态的过程,包括预防、准备、响应和恢复四个阶段。

1. 预防

预防有两层含义,一是事故的预防工作,即通过安全管理和安全技术等手段,尽可能地防止事故的发生,实现本质安全。二是假定事故必然发生,通过预防措施,降低或减缓事故的影响或后果的严重程度,如加大建筑物的安全距离、减少危险品的存量、开展公共教育等。

从长远看,低成本、高效率的预防措施是减少事故损失的关键。

2. 准备

应急准备是应急管理过程中一个极其关键的过程。它是针对可能发生的事故,为迅速有效地开展应急行动而预先做的各种准备,包括应急体系的建立、有关部门和人员职责的落实、预案的编制、应急队伍的建设、应急设备(施)与物资的准备和维护等,其目标是保持重大事故应急救援所需的应急能力。

3．响应

应急响应是在事故发生后立即采取的应急与救援行动,包括事故的报警与通报、人员的紧急疏散、急救与医疗等。目标是尽可能地抢救受害人员,保护可能受威胁的人群,尽可能控制并消除事故。

4．恢复

恢复工作应在事故发生后立即进行。首先应使事故影响区域恢复到相对安全的基本状态,然后逐步恢复到正常状态。

要求立即进行的恢复工作包括:事故损失评估、原因调查、清理废墟等。

在短期恢复工作中,应注意避免出现新的紧急情况。长期恢复包括厂区重建和受影响区域的重新规划和发展。在长期恢复工作中,应汲取事故和应急救援的经验教训,开展进一步的预防工作和减灾行动。

四、员工要了解的事故应急救援整体方案

应急演练是各级政府部门、企事业单位、社会团体,组织相关应急人员与群众,针对待定的突发事件假想情景,按照应急预案所规定的职责和程序,在特定的时间和地域执行应急响应任务的训练活动。

1．演练目的

(1)检验预案。

（2）完善准备。

（3）锻炼队伍。

（4）磨合机制。

（5）科普宣传。

2．演练原则

（1）结合实际、合理定位。

（2）着眼实战、讲求实效。

（3）精心组织、确保安全。

（4）统筹规划、厉行节约。

3．应急演练的组织与实施

一个完整的应急演练活动主要包括：

（1）计划：

1）确定演练的目的，归纳提炼应急演练活动的原因、要解决的问题和期望达到的效果。

2）分析演练需求。

3）确定演练范围。

（2）准备：

1）成立演练组织机构。

2）确定演练目标。

3）演练情景事件设计。

4）演练流程设计。

5）技术保障方案设计。

6）评估标准和方法选择。

7)编写演练方案文件。

8)方案审批。

9)落实各项保障工作。

10)培训。

11)预演。

(3)实施:

1)演练前检查。

2)演练前情况说明和动员。

3)演练启动。

4)演练执行。

5)演练结束与意外终止。

6)现场点评会。

(4)评估总结:

1)评估。

2)总结报告。

(5)改进:

1）改进行动。对演练暴露出来的问题,演练组织单位和参与单位应按照改进计划中规定的责任和时限要求,及时采取措施予以改进,包括修改完善应急预案、有针对性地加强应急人员的培训和教育、对应急物资装备有计划地更新等。

2）跟踪检查与反馈。演练总结与讲评过程结束之后,演练组织单位和参与单位应指派专人,按规定时间对改进情况进行监督检查,确保本单位对自身暴露出的问题做出改进。

安全妙语"谨"上添花：

应急演练很重要　　方案实用才有效
演练目的须明确　　结合实际保安全

第六章

安全规程记得牢 施工作业有保障

第一节 生产现场通用安全操作规程

一、通用安全操作规程

（1）上岗前必须严格按规定穿戴劳保用品，严禁上班穿拖鞋、赤膊、散衣、戴头巾；女工必须把头发盘入帽内；不准带小孩进入工作场所。

（2）上班前4 h不准饮酒；工作中应集中精力，坚守岗位，不得擅离职守，不准打闹、睡觉或做与本工作无关的事。

（3）上岗操作前检查设备，排除故障和隐患，保证安全防护信号、保险装置齐全、灵敏、可靠，保证设备润滑、通风良好；设备运转时，不准清扫、擦洗、润滑，不准跨越和传递物件，不准触动危险部位。

（4）各级安全监督员上班后必须戴好安全臂章，加强对本工

段范围内的安全监督,及时制止和纠正各种违章违纪行为;各种岗位设备安全防护装置、照明、信号监督仪表、警戒标记、防雷装置等,不准随便拆除或非法占用。

(5)新进厂工人未经"三级教育"考试合格,或未签订师徒责任合同不准上岗单独操作;变换工种的人员,复岗人员未经培训、考试合格,不准单独上岗操作。

(6)工作中所使用的工具,如锤子、扳手、钢丝绳等,在使用前应有专人负责检查,不合格的一律不准使用,严禁一切物品放在容易掉落的地方或阻碍设备运转或妨碍生产的地方。

(7)操作工必须熟悉岗位设备性能、工艺要求和设备操作规程;非本岗位操作人员或指定人员以外的任何人严禁操作。

(8)检查或检修机械、电气设备时,必须挂停电警告牌,设专人监护;停电牌谁挂谁取,非工作人员严禁合闸;在合闸前要细心检查,确认无人检修时方可合闸。

(9)对不符合安全生产要求,有严重安全隐患的厂房、生产线和设施,职工有权利和义务向上级报告;遇有严重危害生命的生产情况,职工有权停止操作,并及时向有关领导汇报处理。

(10)两人以上共同作业的,必须有主有从,统一指挥;煤气区域作业,至少两人同往,一人作业,一人监护,并随身携带好报警器。

(11)高空作业必须扎好安全带,戴好安全帽,不准穿硬底鞋;使用梯子要牢固可靠,上下时要面向梯子,双手扶牢,并有人监护;严禁投掷工具、零件等物品。

(12)在工作场所和作业过程中,应仔细观察好周围环境,站立在安全区域,当吊物经过时,一定要主动避让到安全地方。

(13)严禁任何人攀登吊运中的物件及在吊物下通过或停留;非行车工未经有关领导批准,不准随便上行车;如工作需要时,必须征得行车工同意方可上行车或轨道进行检修。

(14)禁止在配电室附近放置非绝缘物品和易燃物品,一切电气设备和风扇禁止用手摸,在潮湿的地方工作,不要靠近一切电气设备。

（15）严禁使用氧气、氩气、氮气清灰吹晾，必要时使用压缩空气吹灰，严禁对着人吹。

（16）消防器材需按规定进行定期检查维护，不准随便动用，消防器材周围不得乱堆杂物。

（17）各种电气、机械设备的金属外壳和行车轨道等，必须有可靠的接地或重复接地安全措施；非电气人员不准装、修电气设备和线路；在用手持电动工具必须绝缘可靠，操作时必须戴好绝缘手套；行灯照明电压不得超过36 V；在容器内、危险潮湿地点的灯具照明电压不得超过12 V。

（18）进入产生对人体有害气体的场所，必须有相应的安全防护装置和器具，并保持良好有效的通风环境，必要时设立监护。

（19）易燃、易爆、剧毒、放射性、腐蚀性等危险物品，要严格按规定分类存放、管理，并有专人严格管理；易燃、易爆危险场所严禁吸烟，未经"三级"审批并严格监护不得进行明火作业；不得在有毒粉末的场所进餐、饮水。

（20）煤气站、锅炉房、主控室、变配电室、水泵房、风机房、卷扬机室等要害部门，非岗位人员未经批准不准入内。

（21）在设备正常运转中突然发生故障，必须立即停止运转进行检修，并及时通知有关工序，严禁操作工单独修理电气设备。

（22）发生重大事故或恶性险情时，要及时抢救保护现场，并立即报告领导；在处理事故的过程中，严格按公司有关规定做到"四不放过"。

（23）掌握触电、煤气中毒的急救常识。发现有人触电或煤气中毒时，应立即切断电源或关闭煤气阀门，使触电人员脱离电源，中毒人员脱离煤气区域，并进行急救。

（24）搞好文明生产。各种备品、备件及材料应按定置要求整齐堆放，保证各安全通道畅通无阻。

（25）行人要走指定通道，并注意各种警告牌，严禁贪近走便道和跨越危险区；严禁从行驶的行车和其他机动车辆爬上跳下、抛卸物品。

（26）严格执行交接班制度，交接班时必须要对口交接，公用工具必须齐全，严禁带"病"交班和互相扯皮；班组长应对所有职工进行教育，做到安全工作班前有布置、班中有检查、班后有点评。

安全妙语"谨"上添花：

工作场所衣着整　　防护用品穿戴齐
遵守规章反三违　　严格执行不放松

二、通用设备安全操作规程

设备操作规程内容一般包括作业环境要求的规定，对设备状态的规定，对人员状态的规定，对操作程序、顺序、方式的规定，对人与物交互作用过程的规定，对异常排除的规定等。一般通用内容如下：

（1）开动设备接通电源以前应清理好工作现场，仔细检查各种手柄位置是否正确、灵活，安全装置是否齐全可靠。

（2）开动设备前首先检查油池、油箱中的油量是否充足，油路是否畅通，并按润滑图表卡片进行润滑工作。

（3）变速时，各变速手柄必须转换到指定位置。

（4）工件必须装、卡牢固，以免松动甩出造成事故。

（5）已卡紧的工件，不得再行敲打校正，以免损伤设备精度。

（6）要经常保持润滑工具及润滑系统的清洁，不得敞开油箱、油眼盖，以免灰尘、铁屑等异物进入。

（7）开动设备时必须盖好电箱，不允许有污物、水、油进入电机或电器装置内。

（8）设备外露基准面或滑轨严禁堆放工具、产品等，以免碰伤影响设备精度。

（9）严禁超性能、超负荷使用设备。

（10）采取自动控制时，首先要调整好限位装置，以免超越行程造成事故。

（11）设备运转时操作不得离开工作岗位，并应经常注意各部位有无异常（异音、异味、发热、振动等）。发现故障应立即停止操作，及时排除。凡属操作者不能排除的故障，应及时通知维修工人排除。

（12）操作者离开设备或装卸工件、对设备进行调整、清洗或润滑时，都应停止并切断电源。

（13）不得拆除设备上的安全防护装置。

（14）调整或维修设备时，要正确使用拆卸工具，严禁乱敲乱拆。

（15）人员思想要集中，穿戴要符合安全要求，站立位置要安全。

安全妙语"谨"上添花：

设备维护促生产　　运行时刻勤检查
严格遵守保平安　　胡乱拆卸要避免
开机之前要清理　　检修维护断电源

第二节　具体工种安全操作规程

一、电工安全操作规程

（1）人员必须持证上岗，严格按规定穿戴好劳动防护用品，2m以上高空作业必须系好安全带。

（2）电工仪器仪表、电工工具和防护用品必须合乎电工安全要求。

（3）电气设备检修时，必须切断电源，挂上警告牌，并验明无电后与相关岗位取得联系，方可进行工作，停电检修必须与带电设备保持安全距离或采取隔离措施。

（4）使用油类等易燃易爆物品或在变电所等重点岗位作业，要严格执行消防制度。电气设备发生火灾，切断电源后用规定的消防器材进行灭火，严禁用水灭火。

（5）低压设备上必须进行带电工作时，要经领导批准，专人监护，工作时要戴绝缘手套，使用绝缘柄的工具并站在绝缘垫上。

（6）禁止带负荷拉动动力配电箱的闸刀开关，停电分闸操作必须按照先分负荷侧刀闸，后分母线刀闸的顺序依次操作，通电合闸时顺序相反。

（7）发生人身触电事故，必须首先切断电源或用绝缘物将带电设备与人体隔开。对高压而言，严禁直接抢救，对低压而言，可视环境、气候和自身绝缘可靠程度果断决策救人。

（8）必须按专责对电气设备、危险源点进行检查登记，发现隐患及时整改或及时反映，发生电气故障必须到现场检查，严禁采取强行手段运行。

（9）做到工完场清，具备供电条件时，方可与值班电工联系，经双方确认后，恢复供电条件。

二、机械钳工安全技术操作规程

（1）除遵守《钳工安全技术操作规程通则》外，必须遵守本规程。

（2）工作场地要清理整洁，检修的机械设备外部，特别是手扶脚蹬的地方，不得有油脂污垢。

（3）设备大修需要移位时，必须联系电气人员切断电源，把导线裸露部分用胶布缠好。

（4）对所检修的设备，必须首先切断电源，关闭风、汽、油、水等动力阀门，并挂上"有人工作，严禁合闸"等警告标志牌。

（5）操作者不得站在容易滚动的工作物旁边或脚蹬在活动的地方。

（6）对大型或不稳定的零部件，下面必须用方木垫平，不得有松动或滚动的情况。

（7）使用吊具拆卸机械上较重的机件时，必须捆绑牢固后再松螺栓；装配时，也要紧好螺栓再松捆绑钢丝绳。

（8）丝杠、光杠或铁棍、撬棍等不得斜立在机械设备上。

（9）铲刮作业时，被铲、刮的工件必须稳固。

（10）有压力的机械，在检修前必须打开安全阀泄压。有冷却装置的机械，必须打开排水管排出积水，关闭进水阀停止进水。

（11）检修有易燃、易爆或有毒危险等设备时，必须将易燃、易爆或有毒物质彻底清除干净后，方可开始检修。

第六章 | 安全规程记得牢 施工作业有保障

（12）机械设备拆卸解体如分上下两部分同时进行作业时，不准上下两部分在垂直方向同时进行工作，以防工件或工具坠落伤人。

（13）使用搬运车时，机械零、部件要捆绑牢固，推车时，要注意瞭望。装卸车时，防止偏载伤人；车轮要用方木掩住以防滚动。

（14）用人力移动工件，参加人员要密切配合，一人指挥，协调动作；所用工具须安全可靠。

（15）拆卸齿轮时，手不得扶在齿轮的滚动处。

（16）安装时，不准将手指伸入转动的螺孔里摸试，以防挤伤。

（17）组装机械设备时，要检查各部件是否有裂纹，各部件安装是否牢固，有无机件遗留在传动部位里。

（18）使用风管吹扫工件时，不可直对人吹，周围有人或有需防尘的工件时，必须安排妥当后方可吹扫。

（19）用油清洗零部件时，距工作地点 5 m 以内严禁烟火。废油必须妥善处理，不得乱倒。严禁用汽油清洗零部件。

三、机床安全技术操作规程

（1）一切机床的操作者都应经过技术培训，方能操作指定设备，并执行本规程。

（2）机床的操作者必须熟悉所操作机床的结构、性能和日常维护保养方法。

（3）机床电气接地必须良好，各种安全防护装置不许随意拆除。

（4）机床照明一律使用36 V以下的低压灯，并定位牢固，照明效果良好。

（5）机床附件要定期由专业人员负责进行技术状态检查、检修或更换。

（6）机床进行擦拭或定期保养工作时，必须先关闭总电源。

（7）机床上的通风、除尘、排毒装置，应与主机同时养护，定期清扫污染物，保持正常使用，防止污染。

（8）必须正确佩戴劳动防护用品，工作服上衣领口、袖口、下摆应扣扎好。设备运转时，操作者不准戴手套，不准穿拖鞋、凉鞋、高跟鞋或其他不符合安全要求的服装。

（9）上岗前严禁喝酒。

（10）整理好工作场地，清除操作范围内一切障碍物，以及地面的油污、水渍。

（11）查看机床交接班记录，检查机床防护保险、信号装置、电器限位、制动、润滑、照明等安全设施是否良好、齐备，各手柄位置是否正确。

（12）开动机床前，必须检查机床的转动体和往复运动的工作台面上有无未紧固的工件或搁置的工具等其他杂物，机床周围有无妨碍机件运动的堆积物品。

（13）认真检查机床上的刀具、夹具、工件装卡是否牢固正确、安全可靠，保证机床运转中倒车、换向和加工过程中，受到冲击时不致松动、脱落而发生事故。

（14）工件上机床前，无论是毛坯还是半成品，都要认真清除毛刺、飞边、油污和铸造黏砂等，防止装卡时伤手和旋转时沙尘飞溅造成事故。

（15）在机床试运转 3～5 min 未发现异常后，才能作业。

（16）操作者必须熟悉加工产品的工艺程序要求，不准带"病"或超负荷使用机床。

（17）机床在运行中严禁下列动作：

擦拭机床，给机床注油。

摘挂皮带，换挡变速。

检查刀具刃口、紧固压力螺栓或其他转动部位螺栓。

更换刀具或装卸工件。

测量工件尺寸，用手抚摩工件或刀头，以清除金属切屑。

隔着床身或刀杆拿取物件或传递工件。

使用已损坏的或钝化了的刀刃具强行切削。

攀登或翻越机床打扫卫生，对机床进行保养。

离开机床，搬运配件或做其他事情。

（18）有下列情况时必须立即停车并关闭电源：

电源突然中断时。

机床限位及其他控制设施失灵时。

机械或电气有不正常的异响、高温（温度达 50～60℃）、冷却或润滑突然中断时。

机床突然发生局部故障或事故时。

操作者需要离开机床或处理其他工作时。

（19）加工的成品与未加工品要整齐地放在固定位置，且与机床保持至少 0.5 m 的间距。

（20）严禁在机床对面观察加工情况或与工作者谈话。

（21）关停机床时首先切断电源，关闭气（汽）阀、水阀，认真清扫机床，整理工地，放好加工零件，将机床操作手柄停放在"零"位。

（22）对本班不能完成的加工件，应将刀具退到安全位置。车工加工大工件时，应加支持件，并向下一班详细介绍情况。

（23）认真填写交接班记录。

四、普通车床安全技术操作规程

（1）必须遵守《机床安全技术操作规程通则》。

（2）用卡盘装卡工件时，其卡爪不得超出卡盘三分之一。

(3)转动刀具时,必须将刀盘退到安全区转动。

(4)装卸卡盘时,卡盘下必须垫木板,卡爪必须退到卡盘内。卡盘、工装必须有保险装置。装卡工件所用扳手的开口,必须与螺母尺寸相符。

(5)装卡工件必须停机,装卡要牢固。装卸大型工件时,床面必须垫木板,装卸工件要轻拿轻放,不准滑脱抛掷。

(6)加工细长工件必须用顶尖、跟刀架,床头箱后面外露部分超过300 mm时,必须加托架、防护栏及防弯装置。

(7)用锉刀锉工件时,锉刀必须装有木柄,右手在前。用砂布磨光外圆时,严禁把砂布裹在工件上;磨光内孔时,必须用专用的工具。

(8)床头箱、刀架、床面上不准放置任何物品。

(9)攻丝或套丝时必须用专用工具,严禁一手扶板牙架,一手开车工作。

(10)切断工件时,大料必须留有一定余量,卸下后断开,小料严禁用手接工件。

(11)使用四爪卡盘夹紧工件时,必须均衡用力。卡畸形或偏心工件时,所加平衡块必须紧固,刹车不准过猛。

(12)拉尾座时,不准用力过猛,拉到位置后要锁紧,防止脱落伤人。

五、钻床通用安全技术操作规程

(1)必须遵守《机床安全技术操作规程通则》。

(2)工作前对使用的机床工具、工装、卡具进行全面检查,确定无误后方可操作。

（3）装卡工件必须牢固，小工件不准用手持件钻孔，应用卡具夹紧。工作中严禁戴手套。

（4）清除钻头上的钻屑时，必须停车，用专用工具清除，严禁用手拉除或吹脱。

（5）严禁在刀具旋转时翻转、卡压或测量工件，头部或手不准触摸旋转部位。严禁在钻杆行程内传递物品和工具。

（6）禁止机床运转时换挡变速。

（7）钻斜孔时必须用专用工装。加工薄板工件时，工件下面应垫平整木块。

（8）精绞深孔完毕时，应尽量抬高钻杆。使用量具测量时，不得用力过猛，以免手碰刀具。

（9）当钻通孔即将钻透时，必须停止自动走刀，用手轻压钻把直至钻透，以免发生事故。

（10）使用摇臂钻床时，摇臂回转范围内不准有障碍物。工作前摇臂必须卡紧。摇臂和工作台上不得存放物件。

（11）工作中不准用手指或破布、棉纱浇注冷却液。

（12）使用新工装胎具或新钻套时，装好对应钻头后手动试验松紧，合格后才能正式投入工作。

（13）工作结束时，按规定恢复机床各部位置。

（14）工作场地要畅通，工件要放在规定位置。

六、铣床安全技术操作规程

（1）必须遵守《机床安全技术操作规程通则》。

（2）停车时间较长，开动机床时应低速运转 3～5 min，确认润滑、液压、电气系统及各部件运转正常，再开始工作。

（3）拆、装立铣刀时，台面需垫木板，禁止用手去托刀盘。

（4）拆、装平铣刀时，所用工具必须适当，用力不可过猛，防止滑脱或滑倒。

（5）对刀或正常工作时，刀具接近工件必须手动慢速接触，不准快速接触工件。使用机动进给时，手摇柄必须移至空挡。

（6）加工时应正确选择切削用量，自动进刀时应脱开工作台上的手轮；在切削工作进行中不准停车或改变走刀速度；利用限位块工作则应预先调整好。

（7）切削过程中，工作者应站在安全位置，严禁面对铣刀转动方向或头、手接触铣削面。装卸工件必须移开刀具停车后进行。

（8）使用分度头、回转盘或其他工装工作时，应首先检查其运转状况，然后安装牢固，其安装位置要便于工作，保证安全。

（9）高速切削时，必须戴好防护镜，安装防护挡板。

(10)变换转速及调整行程位置时,必须停车。

(11)经常注意各部运转情况,如有异常,应立即停车,排除故障。

七、剪切类机床安全技术操作规程

(1)剪切机应由专人使用、保养。操作者必须熟悉设备的机械构造、性能及操作方法,并懂得保养知识,非操作者严禁使用。

(2)剪切机传动和电器部分,必须安装安全保护装置和保险接地装置,剪切机上的照明电压不得超过36 V。

(3)穿戴好劳动防护用品,扎紧袖口。

(4)上岗前严禁饮酒。

(5)检查紧急停止按钮是否灵敏,制动器是否正常,传动部分的防护装置是否完备无缺,剪刀及压脚位置工作状态是否良好,刀片螺钉有无松动与裂纹。

(6)按照润滑规定加注适当的润滑油,经试运转确认各部状态良好后,方可开始工作。

(7)剪切设备危险部位应装设有防护措施。

(8)脚踏开关应装设防护罩。

(9)工作完后切断电源,关好风阀,擦拭好机床,清扫场地。

(10)做好交接班记录。

安全妙语"谨"上添花:

电工操作须谨慎　　拆卸零件防伤人
设备检修断电源　　机床运行不分心